Hesse/Schrader

Testaufgaben
Das Übungsprogramm

Schnell einsteigen. Punktgenau vorbereiten.
Erfolgreich abschneiden.

STARK

Die Autoren
Jürgen Hesse, Jahrgang 1951, geschäftsführender Diplom-Psychologe im Büro für Berufsstrategie, Berlin. Hans Christian Schrader, Jahrgang 1952, Diplom-Psychologe in Baden-Württemberg.

Wir sind sehr an Ihren Erfahrungen interessiert. Bitte schreiben/mailen Sie uns, oder rufen Sie an.

Anschrift der Autoren
Hesse/Schrader
Büro für Berufsstrategie
Oranienburger Straße 4–5
10178 Berlin
Tel. 030 288857-0
Fax 030 288857-36
info@berufsstrategie.com
www.hesseschrader.com

Ausführliche Lösungswege und -erklärungen stehen Ihnen als Online Content im Internet unter **www.testtraining-spezial.de** zur Verfügung.

ISBN 978-3-8490-1456-8

Inhalt

Willkommen!

Einstellungs- und Auswahltests verlieren ihren Schrecken, wenn man weiß, was auf einen zukommt, was verlangt wird und worum es wirklich geht. Mit diesem Buch möchten wir Ihnen einen Überblick über die gängigen Testverfahren geben und Ihnen die Gelegenheit bieten, anhand von zahlreichen Beispielen Testaufgaben zu üben. Denn: Übung macht den Meister! Sie werden danach viel souveräner in eine Testsituation hineingehen und wesentlich besser abschneiden.

Bearbeitungshilfen und worauf es noch ankommt

Wenn Ihnen die Haare zu Berge stehen bei der Vorstellung, dass Sie es bei einem Aufnahmetest mit verschiedenen Testverfahren zu tun bekommen, ist das verständlich. Sie werden sicherlich Schwierigkeiten haben, falls Sie zum ersten Mal mit solchen Tests konfrontiert sind. Trotzdem ist das kein Grund zum Verzweifeln. Machen Sie sich klar, dass Sie nicht allein dastehen und dass Sie diese Testaufgaben mithilfe unseres Buches üben können. Vor allem kommt es auf die richtige Vorbereitung an. Hierbei geht es um organisatorische Dinge und besonders um Ihre emotionale und intellektuelle Einstellung zu den Tests. Folgende Aspekte sollten Sie beachten; sie können Ihnen eine Hilfe sein:

- Nutzen Sie die Zeit der Aufgabenerklärung zu Beginn der Tests: Verdeutlichen Sie sich das Aufgaben- und Lösungsschema. Versuchen Sie sich an ähnliche, bereits gelöste Aufgaben aus Testtrainingsbüchern zu erinnern. Fragen Sie den Testleiter bei Unklarheiten, solange dazu Gelegenheit besteht.
- Arbeiten Sie so schnell wie möglich, mit einem sinnvollen Maß an Sorgfalt.
- Beißen Sie sich nicht an schwierigen Aufgaben fest. Sie verlieren sonst wertvolle Bearbeitungszeit für andere, vielleicht viel leichtere Aufgaben. In der Regel sind Testaufgaben nach steigendem Schwierigkeitsgrad angeordnet.
- Sind verschiedene Antwortmöglichkeiten vorgegeben, wenden Sie bei Zweifeln bezüglich der richtigen Lösung die folgenden Strategien an:
  - Versuchen Sie, falsche Lösungen auszuschließen, um so die richtige »einzukreisen« (Ausschlussstrategie). Es ist leichter, z. B. unter zwei verbleibenden Möglichkeiten auszuwählen als unter mehreren.
  - Raten Sie notfalls lieber eine Lösung, anstatt gar nichts anzukreuzen.
- Nehmen Sie nur an einem Test teil, wenn Sie sich absolut gesund fühlen und gut ausgeschlafen sind. Vermeiden Sie zusätzliche Belastungen neben dem Teststress – auch wenn dies manchmal leichter gesagt als getan ist. Sollten Sie mal nicht so fit sein, versuchen Sie lieber, einen neuen Testtermin zu vereinbaren. Mit einer guten Begründung kann man dies in der Regel leicht erreichen.
- Machen Sie sich mit der Prüfungssituation »Test« bereits im Vorfeld gut vertraut. Gehen Sie die Angelegenheit möglichst gelassen an. Das bedeutet einerseits, bereit zu sein, wirklich etwas dafür zu tun, damit es klappt. Andererseits darf man seine Enttäuschung nicht zu groß werden lassen, wenn es nicht auf Anhieb gelingt, den angestrebten Ausbildungs- oder Arbeitsplatz zu bekommen.
- Ganz wichtig ist das Sammeln von Informationen über Tests und Bewerbungsverfahren bei für Sie infrage kommenden Arbeitgebern. Warum bewerben Sie sich zum Beispiel nicht einfach mal bei einem Unternehmen, bei dem Sie nicht unbedingt die Ausbildung machen oder eine Stelle annehmen möchten – nur mit der Absicht, Test- (und Bewerbungs-) Erfahrung zu sammeln? Außerdem hat das Zusammentreffen mit anderen Bewerbern echte Vorteile: Man trifft »Leidensgenossen« und hat Zeit zum ausführlichen Erfahrungsaustausch.

- Machen Sie Ihr Selbstwertgefühl nicht von Testergebnissen abhängig. Von wissenschaftlicher Seite wird der Ableitbarkeit des Berufserfolgs vom Testerfolg sogar entschieden widersprochen. Das Testresultat sagt nichts über Ihre Intelligenz, Ihre wirkliche Leistungs- und Konzentrationsfähigkeit und schon gar nichts über Ihren Wert als Mensch und Ihre angebliche (Nicht-)Eignung für eine berufliche Aufgabe aus.
- Bauen Sie Ihre Test-, Autoritäts- und Wissenschaftsgläubigkeit ab und versichern Sie sich der unterstützenden Solidarität wichtiger Personen Ihrer Umgebung. Und zeigen Sie doch einfach mal Besserwissern und Meckerern ein paar Testaufgaben mit der Aufforderung, diese doch selbst einmal zu lösen.

Zur Einschätzung Ihrer Ergebnisse

Ganz wichtig zu wissen: In den meisten Fällen werden Sie – hier im Buch wie in der realen Testsituation – die große Menge der Ihnen vorgelegten Testaufgaben in der Kürze der vorgegebenen Zeit nicht erfolgreich bearbeiten können. Das ist auch in der Testrealität so beabsichtigt, um die »Leistungsgrenze« einer Person zu ermitteln. Hinzu kommt, dass die Aufgaben in der Regel im Schwierigkeitsgrad ansteigen.

Für Ihre persönliche Auswertung berücksichtigen Sie bitte, dass etwa 60 Prozent richtig gelöster Aufgaben (in der Gesamtmenge eines Testaufgabentyps) schon recht befriedigend sind. 100 Prozent sind im Grunde genommen nie zu erreichen, und wenn Sie um die 65 bis 75 Prozent liegen, können Sie wirklich mit Ihrer Leistung zufrieden sein.

Übrigens: Wer alles bzw. fast alles richtig löst, kann trotzdem nicht sicher sein, dass er sein angestrebtes Ziel erreicht, denn oftmals sind Testern und Personalchefs zu gute Kandidaten suspekt.

Das Buch

In diesem Buch werden Testaufgaben aus folgenden Bereichen vorgestellt, die auch zumeist in Assessment-Center abgefragt werden:

- Allgemeinwissen
- Intelligenz
- Rechnen
- Logisches Denken / Abstraktionsvermögen
- Rechtschreibung
- Leistungs- und Konzentrationsvermögen
- Gedächtnisleistung
- Büro / Verwaltung / Organisation
- Persönlichkeit
- Technisches Verständnis

Eine ausreichende Anzahl von Übungsaufgaben, die an der Testrealität orientiert sind, ermöglicht Ihnen eine konkrete Vorbereitung und Einübung. Zu wissen, was auf einen zukommen kann, und zu sehen, dass eine Test-Vorbereitung möglich ist, hilft, eine unangenehme Stress- und Prüfungssituation besser zu überstehen.

Der Online Content

Zusätzlich zu den Lösungen im Buch, bekommen Sie als Leser konkrete Bearbeitungshilfen und Lösungserklärungen im Internet unter **www.testtraining-spezial.de** in Form unseres Online Content.

Achten Sie im Lösungsverzeichnis auf folgendes Symbol, das Ihnen anzeigt, dass Sie ausführliche Lösungserklärungen zu der jeweiligen Aufgabe als Online Content finden. www

Die CD-ROM

Mehrere Hundert Aufgaben und 15 Testtypen finden Sie auch auf der CD-ROM (für Windows), die Ihnen zeigen soll, wie ein computer- oder webgestütztes Testverfahren prinzipiell abläuft.

Im **Übungsmodus** gehen Sie der Reihe nach alle Aufgaben durch und bekommen direkt ein Feedback, ob Ihre Lösung richtig ist. Im **Testmodus** bekommen Sie keine inhaltliche Rückmeldung, sondern am Ende des Tests eine Auswertung. Der Testmodus läuft zeitgesteuert, Sie können damit also das reale Testverfahren »in Echtzeit« simulieren.

Noch eine wichtige Empfehlung

Wenn es nicht gleich klappt: Machen Sie nicht Ihr Selbstbewusstsein vom Testergebnis abhängig. Sie können trotzdem zu den Gewinnern zählen, wenn Sie aus Ihren Erfahrungen lernen und sich weiterhin bewerben. Auch wenn es hart ist – das oberste Bewerbungsgebot lautet: Dranbleiben und Durchhalten, bis es endlich klappt. Wir wünschen Ihnen viel Glück und gutes Gelingen!

Hinweis

Überall dort, wo das rechts abgebildete Icon auftaucht, geben wir Ihnen weiterführende Lesehinweise. Diese beziehen sich auf die Bücher, die Sie im Kapitel »Literaturhinweise« dieses Buches (siehe Seite 131) finden, oder auf ähnliche Tests innerhalb dieses Buches, und sollen Ihnen dabei helfen, Ihr Wissen im Hinblick auf einen bestimmten Aufgabentyp weiter zu vertiefen.

Allgemeinwissen-Testaufgaben

(Lösungen Seite 133)

Tests, die das Allgemeinwissen abfragen, haben Ähnlichkeiten mit Quizshows. Was unter dem sogenannten Allgemeinwissen zu verstehen ist, bestimmen die Arbeitgeber.

Meistens geht es um folgende Sachgebiete: Staat, Politik, Geschichte, Geografie, Wirtschaft, berühmte Persönlichkeiten, Kultur, manchmal auch Sport und Technik, seltener Biologie, Physik und Chemie.

Von Minisammlungen (etwa 10 Fragen) am Anfang einer Testbatterie bis zu 200 Fragen (10 Gebiete à 20 Fragen) reicht die Palette. Oftmals werden die Fragensammlungen durch berufsspezifische Wissensfragen erweitert.

Man kann sich viele Allgemeinwissensfragen ausdenken – unsere Beispiele jedoch stammen aus Originaltests der täglichen Testpraxis, geordnet nach Sachgebieten, unter Berücksichtigung von Wichtigkeit und Häufigkeit.

Wir präsentieren Ihnen eine Aufgabensammlung aus den folgenden 20 Allgemeinwissensgebieten:

1. Staat und Politik
2. Geschichte
3. Wirtschaft
4. Geografie
5. Technik
6. Physik
7. Astronomie
8. Computer
9. Gesundheit
10. Ernährung
11. Biologie
12. Chemie
13. Kunst
14. Architektur
15. Literatur
16. Musik
17. Interkulturelles
18. Bedeutende Persönlichkeiten
19. Bildsymbole
20. Themenübergreifendes

Auch wenn die folgenden Aufgaben abenteuerlich anmuten und sich die Frage aufdrängt, was das alles mit der Qualifikation für bestimmte Berufe zu tun hat – es ist lohnend, sich das folgende »Bildungsgut« anzueignen. Versuchen Sie, die 20 Aufgabengebiete mit 362 Aufgaben in 150 Minuten durchzuarbeiten. Übrigens: Es ist immer nur eine Lösung richtig, manchmal auch der Lösungsvorschlag: Keine Antwort ist richtig.

1. Staat und Politik

1. Von wem werden in Deutschland Gesetze verabschiedet?

a) vom Bundespräsidenten
b) vom Bundestag
c) vom Bundesrat
d) vom Bundeskanzler

2. Wie lange dauert im Normalfall eine Legislaturperiode in Deutschland?

a) 3 Jahre
b) 4 Jahre
c) 5 Jahre
d) 7 Jahre

3. Von wem wird der deutsche Bundespräsident gewählt?

a) vom Bundestag
b) vom Bundesrat
c) von der Bundesversammlung
d) direkt vom Volk

4. Die Staatsform Deutschlands nennt man ...

a) Anarchie
b) Diktatur
c) Monarchie
d) Demokratie

5. Wer diskutiert und verabschiedet den Haushalt in der Bundesrepublik Deutschland?

a) der Bundestag
b) das Finanzministerium
c) der Bundesrat
d) das Bundeskabinett

6. Wie war die Abkürzung der Vorläuferorganisation der EU?

a) ETA
b) EFTA
c) EG
d) COMECON

7. Wann trat das deutsche Grundgesetz in Kraft?
a) Mai 1949
b) Mai 1945
c) Mai 1948
d) Mai 1955

8. Die Landeshauptstadt von Hessen ist …
a) Darmstadt
b) Frankfurt am Main
c) Mainz
d) Wiesbaden

9. Wie lautet die Bezeichnung für das Parlament der USA?
a) Senat
b) Kongress
c) Oberhaus
d) Duma

10. Welcher Staat ist eine parlamentarische Monarchie?
a) Irland
b) Spanien
c) Estland
d) Tschechien

11. Als Knesset bezeichnet man in Israel …
a) das Parlament
b) den Geheimdienst
c) die wichtigste Holocaust Gedenkstätte
d) einen landwirtschaftlichen Verbund

12. Was sind die Aufgaben des Bundesrates?
a) Verabschiedung des Haushaltes
b) Wahl der Bundesminister
c) Vertretungsgremium Deutschlands bei der UNO
d) Mitwirkung der Länder bei Gesetzgebung und Verwaltung des Bundes

13. Wozu ist man als deutscher Staatsangehöriger nicht verpflichtet?
a) zu wählen
b) zum Schulbesuch
c) sich beim Einwohneramt registrieren zu lassen
d) ein Schöffenamt wahrzunehmen

14. Die Taliban sind …
a) Piraten um Kap Hoorn
b) Einwohner des Schat
c) politische Flüchtlinge aus Syrien
d) radikal-fundamentalistische Rebellen, die versuchen Afghanistan zu beherrschen

15. Was besagt der Artikel 1 (1) des Grundgesetzes der Bundesrepublik Deutschland?
a) Das deutsche Gemeinwesen ist höchstes zu schützendes Gut. Dafür einzutreten ist oberste Pflicht aller Deutschen.
b) Das Deutsche Volk verpflichtet sich stets zum Frieden in der Welt.
c) Die Bundesrepublik Deutschland ist ein demokratischer Staat.
d) Die Würde des Menschen ist unantastbar. Sie zu achten und zu schützen ist Verpflichtung aller staatlichen Gewalt.

16. Was ist die UNESCO?
a) UN-Organisation für Erziehung, Wissenschaft und Kultur
b) UN-Organisation für industrielle Entwicklung
c) Weltpostverein
d) UN-Organisation zum Artenschutz

17. Ein verfassungsmäßig zustande gekommenes Volksbegehren nennt man …
a) Quotation
b) Referendum
c) Konsortium
d) Konvention

18. Was sind Schöffen?
a) juristische Berater bei der Gesetzgebung
b) Mitarbeiter im Justizministerium
c) ehrenamtliche Laienrichter
d) Vorsitzende in Kommunalparlamenten

19. Nach der Verabschiedung durch den Bundestag muss ein Gesetz ausgefertigt werden, um in Kraft treten zu können. Wer ist dafür zuständig?
a) der Justizminister
b) der Vorsitzende des Bundesverfassungsgerichtes
c) der Bundeskanzler
d) der Bundespräsident

20. Wo befindet sich der Sitz der Deutschen Bundesbank?
a) Stuttgart
b) Dresden
c) Frankfurt am Main
d) Düsseldorf

21. Was versteht man unter einer politischen Lobby?
a) Interessengruppe zur Beeinflussung von Abgeordneten
b) ein parteipolitisches Organ
c) das höchste Gremium einer Partei
d) die turnusmäßige Zusammenkunft der Fraktionsvorsitzenden

22. Die Landeshauptstadt von Rheinland-Pfalz ist …
a) Frankfurt am Main
b) Mainz
c) Wiesbaden
d) Darmstadt

23. Was versteht man unter dem passiven Wahlrecht?
a) die Möglichkeit der Briefwahl
b) die Möglichkeit, selbst gewählt zu werden
c) die Möglichkeit, im Ausland wählen zu können
d) die Wahlausübung durch einen Vormund

24. Die Landeshauptstadt von Mecklenburg-Vorpommern ist …
a) Schwedt
b) Rostock
c) Schwerin
d) kein Lösungsvorschlag ist richtig

25. Wie lange beträgt die Amtszeit des Bundespräsidenten?
a) 6 Jahre
b) 2 Jahre
c) 4 Jahre
d) 5 Jahre

26. Das Bundeskartellamt arbeitet speziell auf der Grundlage …
a) des Gesetzes zum Datenschutz
b) des Betriebsverfassungsgesetzes
c) des Verbraucherschutzgesetzes
d) des Gesetzes gegen Wettbewerbsbeschränkungen

27. Wo befindet sich der Sitz des Internationalen Gerichtshofes?
a) Den Haag
b) New York
c) Wien
d) Rom

28. Was versteht man unter Imperialismus?
a) Globalisierung der Weltwirtschaft unter der Führung von einzelnen internationalen Konzernen
b) Militäraktion eines Staates gegen einen zweiten
c) Bestrebung eines Staates, seinen Machtbereich auszudehnen, ohne dabei auf die Belange anderer Staaten Rücksicht zu nehmen
d) Einschränkung der Grundrechte in einem Staat

29. Unser/-e Bundeskanzler/-in wird gewählt durch …
a) das Volk
b) die Bundestagsabgeordneten
c) die Bundesminister
d) die Bundesversammlung

30. Zur ersten Ministerpräsidentin eines deutschen Bundeslandes wählte man …
a) Heide Simonis
b) Rita Süssmuth
c) Sophie Scholl
d) Ursula von der Leyen

31. Hat man in Deutschland durch den Besitz von Eigentum auch soziale Pflichten?
a) nein, diese sind durch das Zahlen von Steuern beglichen
b) ja, denn Artikel 14 (2) des Grundgesetzes besagt, dass Eigentum verpflichtet. Sein Gebrauch soll zugleich dem Wohle der Allgemeinheit dienen.
c) ja, ab einer gewissen Größe wird der Staat Teilhaber des Eigentums
d) nein, dies würde dem Gedanken der Selbstbestimmung widersprechen

32. Dieses Land / diese Länder ist / sind noch nicht Vollmitglied in der EU …

a) Österreich
b) Schweiz
c) Italien
d) Beneluxstaaten

33. Welches Land ist nicht in der Europäischen Union?

a) Dänemark
b) Lettland
c) Finnland
d) Norwegen

34. 1867 erwarben die Amerikaner von den Russen ein damals unbedeutend erscheinendes, aber doch sehr großes Stück Land für wenig Geld. Es handelt sich dabei um …

a) Kuba
b) Kalifornien
c) Kanada
d) kein Lösungsvorschlag ist richtig

35. Um das Grundgesetz der Bundesrepublik Deutschland zu ändern, braucht es eine besondere Mehrheit in Bundestag und Bundesrat. Dabei geht es um …

a) die absolute Mehrheit
b) eine volle Mehrheit
c) die Zwei-Drittel-Mehrheit
d) eine Drei-Viertel-Mehrheit

36. Welche bundesdeutsche Institution ist vergleichbar mit dem US-amerikanischen FBI?

a) der Verfassungsschutz
b) der Bundesnachrichtendienst
c) das Bundeskriminalamt
d) die Ausländermeldebehörde

37. Ein Kibbuz ist ein …

a) landwirtschaftlicher Großbetrieb
b) eine Art Kolchose
c) eine Art landwirtschaftliche Produktionsgenossenschaft
d) alles trifft zu

38. Dresden ist die Landeshauptstadt von …

a) Sachsen
b) Thüringen
c) Sachsen-Anhalt
d) Niedersachsen

39. Welches Land ist in der Europäischen Union?

a) Malta
b) Zypern
c) Bulgarien
d) alle diese Länder sind bereits in der EU

40. Unter dem »Hammelsprung« versteht man …

a) ein besonderes Abstimmungsverfahren im Deutschen Bundestag
b) ein Misstrauensantrag gegen die Regierung
c) ein Wahlvorgang für besondere politische Posten und Positionen
d) kein Lösungsvorschlag ist richtig

2. Geschichte

1. Wer war der erste deutsche Bundeskanzler?
a) Theodor Heuss
b) Gustav Stresemann
c) Otto Grotewohl
d) Konrad Adenauer

2. Der amerikanische Marshallplan sah nach dem 2. Weltkrieg für Deutschland vor ...
a) die Kriegsschulden zu bezahlen
b) eine Wiedergutmachung der zu verantwortenden Zerstörungen
c) ein Wiederaufbauprogramm zu realisieren
d) eine umfassende Agrarreform zu ermöglichen

3. Wann endete in Europa der 2. Weltkrieg?
a) Dezember 1945
b) August 1945
c) Mai 1945
d) Januar 1946

4. In welchem Jahrhundert fand die Reformation statt?
a) im 18. Jahrhundert
b) im 16. Jahrhundert
c) im 14. Jahrhundert
d) im 15. Jahrhundert

5. Mit Anlass für den Beginn des Ersten Weltkrieges war ...
a) die Weltwirtschaftskrise
b) die Französische Revolution
c) das Attentat auf den österreichisch-ungarischen Thronfolger Franz Ferdinand
d) kein Lösungsvorschlag ist richtig

6. Hitlers Angriff auf Polen war der Beginn ...
a) einer langen Feindschaft zwischen den osteuropäischen Völkern
b) des Ersten Weltkrieges
c) des Zweiten Weltkrieges
d) kein Lösungsvorschlag ist richtig

7. Wer war der Initiator zur Gründung des Deutschen Reiches 1871?
a) Bernhard Heinrich Martin Fürst von Bülow
b) Paul von Hindenburg
c Otto Fürst von Bismarck
d) Gustav Stresemann

8. Als König regierte Friedrich Wilhelm I ...
a) Bayern
b) Sachsen
c) Brandenburg
d) Preußen

9. Von wem ist der Satz überliefert, Politik sei die Kunst des Möglichen?
a) Otto Fürst von Bismarck
b) Harry S. Truman
c) Konrad Adenauer
d) Winston Churchill

10. Welcher Präsident der USA musste 1974 wegen der Watergate-Affäre zurücktreten?
a) Gerald Ford
b) Lyndon B. Johnson
c) Richard Nixon
d) Jimmy Carter

11. Wer leitete den gescheiterten Attentatsversuch gegen Hitler am 20. Juli 1944?
a) Claus Schenk Graf von Stauffenberg
b) Carl Friedrich Goerdeler
c) die Geschwister Sophie und Hans Scholl
d) Philipp Scheidemann

12. Der griechische Philosoph Sokrates starb ...
a) eines natürlichen Todes
b) durch Unfall
c) durch Selbstmord
d) nach einer schweren Krankheit

13. Wann und wo wurde Karl der Große zum Kaiser gekrönt?
a) 814 in Aachen
b) 796 in Konstantinopel
c) 800 in Rom
d) 802 in Ravenna

14. Wann erfolgte die Proklamation der Menschen und Bürgerrechte in Frankreich?
a) 1776
b) 1789
c) 1813
d) 1850

15. Welcher Nationalität war Christoph Kolumbus?
a) Portugiese
b) Italiener (Genuese)
c) Spanier (Katalane)
d) Franzose (Monegasse)

16. Die Schlacht bei Waterloo fand ... statt
a) 1780
b) 1800
c) 1815
d) 1849

17. Von wann bis wann existierte die DDR?
a) 1945–1989
b) 1950–1990
c) 1948–1989
d) 1949–1990

18. Wann wurde in Deutschland erstmalig das Frauenwahlrecht zugelassen?
a) 1870
b) 1914
c) 1918
d) 1933

19. Was war der Auslöser für den Kriegseintritt der USA gegen Japan im 2. Weltkrieg?
a) die japanische Invasion in China 1940/41
b) die Besetzung Hongkongs durch die japanische Armee am 25. Dezember 1941
c) der japanische Überfall auf den amerikanischen Flottenstützpunkt Pearl Harbor am 7. Dezember 1941 ohne vorherige Kriegserklärung
d) die Unterzeichnung des deutsch-japanischen Beistandsabkommens 1940

20. Wann fand in Russland die Oktoberrevolution statt?
a) 1917
b) 1914
c) 1919
d) 1901

21. Die Ausgrabungsstätte des vermeintlichen Trojas liegt heutzutage ...
a) in Ägypten
b) in Italien
c) in Griechenland
d) in der Türkei

22. Die Schlagworte der französischen Revolution hießen ...
a) Freiheit, Gleichheit, Brüderlichkeit
b) Frieden, Freiheit, Wohlstand
c) Frieden, Freiheit, Gerechtigkeit
d) Einigkeit, Recht, Freiheit

23. Wer gründete das Deutsche Reich?
a) Hitler
b) Bismarck
c) Hindenburg
d) Stresemann

24. Wann wurde die Berliner Mauer gebaut?
a) 1950
b) 1960
c) 1970
d) kein Lösungsvorschlag ist richtig

25. Der Koreakrieg ...
a) begann 1946 und endete 1951
b) begann 1950 und endete 1953
c) begann 1955 und endete 1960
d) begann 1960 und endete 1963

26. Zum Ende der DDR fanden in Leipzig an einem ganz bestimmten Wochentag immer wieder Demonstrationen statt. Dies war immer wieder der ...
a) Montag
b) Mittwoch
c) Freitag
d) Sonntag

27. Der Dreißigjährige Krieg wurde beendet durch ...
a) den Vertrag von Versailles
b) das Edikt von Nantes
c) den Westfälischen Frieden
d) das Viermächte-Abkommen

28. Die Cherusker lebten etwa auf dem heutigen Gebiet ...
a) Belgiens
b) der Schweiz
c) Deutschlands
d) des Kosovo

3. Wirtschaft

1. Am teuersten sind 100 Gramm ...
a) Silber
b) Gold
c) Platin
d) Titan

2. Was sind Subventionen?
a) staatliche Zuschüsse
b) indirekte Steuern
c) eine Art Schutzzoll
d) eine Art Investitionsabgabe

3. Was charakterisiert am ehesten die freie Marktwirtschaft?
a) die Produktion ist staatlich gelenkt
b) die freie Konsumwahl wird durch staatliche Maßnahmen eingeschränkt
c) die Produktionsmittel gehören überwiegend dem Staat
d) die Unternehmen betreiben ihre Planentscheidungen individuell

4. Wie bezeichnet man die gesamtwirtschaftliche Größe der in einem Jahr produzierten Sachgüter und Dienstleistungen?
a) Sozialvermögen
b) Sozialprodukt
c) Volksvermögen
d) Volkseinkommen

5. Wie bildet sich der tägliche Aktienkurs an der Börse?
a) durch Angebot und Nachfrage
b) durch Prognosen der Börsenmakler
c) durch staatliche Festsetzung
d) aufgrund der Konjunkturlage

6. Was versteht man unter der Liquidität eines Unternehmens?
a) die Zahlungsfähigkeit
b) die Auflösung und Beendigung
c) die Kreditwürdigkeit
d) eine Form der Unternehmensfinanzierung

7. Kennzeichen für eine Deflation sind ...
a) fallende Preise
b) steigende Preise
c) stabile Preise
d) kein Lösungsvorschlag ist richtig

8. Welche Situation führt zu einer Inflation?
a) einer großen Geldmenge steht eine geringe Gütermenge gegenüber; die Preise steigen, der Geldwert sinkt
b) einer kleinen Geldmenge steht eine große Gütermenge gegenüber; die Preise steigen, der Geldwert bleibt gleich
c) einer großen Gütermenge steht eine große Geldmenge gegenüber; die Preise bleiben stabil
d) der Geldwert sinkt mit den Preisen; die Geldmenge wächst, ebenso wie die Gütermenge

9. Wie bezeichnet man das Wirtschaftssystem in der Bundesrepublik?
a) zentrale Verwaltungswirtschaft
b) gesteuerte Planwirtschaft
c) soziale Marktwirtschaft
d) gelenkte Verbrauchswirtschaft

10. Wie definiert man bargeldlosen Zahlungsverkehr?
a) Kreditkauf
b) Ratenkauf
c) Überweisung von Konto zu Konto
d) Kauf von Devisen mittels Eurocheque

11. Was ist ein Wechsel?
a) die Übertragung von Aktienmehrheiten
b) die Verpflichtungserklärung eines Schuldners
c) eine Veränderung der Konjunkturlage
d) ein Begriff aus der Börsenwelt

12. Was ist ein Pfandbrief?
a) eine festverzinsliche Schuldverschreibung
b) die Urkunde eines Leihhauses
c) eine Hypothek
d) die Verpflichtungserklärung eines Schuldners

13. Was versteht man unter Dividende?
a) einen bestimmten Steuersatz
b) einen nicht zu versteuernden Lotteriegewinn
c) einen Gewinnanteil an einer Aktiengesellschaft
d) eine finanzielle Beteiligung an einer Gesellschaft

14. Wie nennt man land- und forstwirtschaftlichen Besitz des Staates?
a) Migräne
b) Domäne
c) Latifundien
d) kein Begriff ist richtig

15. Eine Handelsvollmacht mit bestimmten Rechten und Pflichten bezeichnet man als ...
a) Valuta
b) Matura
c) Prokura
d) Validität

16. Der Überschuss auf der Soll- oder Habenseite heißt ...
a) Insolvenz
b) Debet
c) Manko
d) Saldo

17. Der Preisnachlass auf eine Ware wird bezeichnet als ...
a) Bonus
b) Rabatt
c) Skonto
d) Diskont

18. Der hauptverantwortliche Leiter / Kopf einer GmbH ist immer ...
a) der Vorstandssprecher
b) der Aufsichtsratsvorsitzende
c) der Geschäftsführer
d) der Prokurist

19. Die rechtliche und wirtschaftliche Verschmelzung von Unternehmen nennt man ...
a) GmbH
b) Koalition
c) Union
d) Fusion

20. Die Einziehung von Bargeld nennt man ...
a) Impresso
b) Inferno
c) Inkasso
d) Insolvenz

21. Was versteht man unter dem Bruttoinlandsprodukt?
a) Ausdruck aus der Wirtschaftspsychologie
b) Messgröße für Steueraufkommen
c) Etat des Ministeriums für Arbeit
d) Messgröße für die Gesamtleistung einer Volkswirtschaft

22. Wofür steht die Bezeichnung IWF?
a) Interessenverband für weltweiten Freihandel
b) Industrial Wealth Foundation
c) Internationaler Währungsfonds
d) Internationale Wirtschaftsföderation

23. Was ist die OPEC?
a) Organisation Erdöl exportierender Länder
b) Gremium zur Festsetzung der Wechselkurse in der EU
c) Organisation für wirtschaftliche Zusammenarbeit
d) lateinamerikanisches Wirtschaftsbündnis

24. Was versteht man unter Investition?
a) staatlicher Eingriff in Wirtschaftsvorgänge
b) einen zinsgünstigen Kredit
c) starke Geldentwertung
d) Überführung von Finanzkapital in Sachkapital

25. Wie heißt die bekannteste Straße im Finanzzentrum New York?
a) Bond Street
b) Wall Street
c) Times Square
d) Oxford Street

26. Die umsatzstärkste Börse in Deutschland befindet sich in ...
a) Frankfurt am Main
b) Berlin
c) München
d) Düsseldorf

27. Wenn mehrere Banken eine Gesellschaft bürgerlichen Rechts bilden, um gemeinsam ein Geschäft durchzuführen, bezeichnet man das als ...
a) eine Kooperation
b) ein Konsortium
c) ein Joint Venture
d) eine Konfusion

28. Den Kursverlauf einer Aktie grafisch dargestellt bezeichnet man als ...
a) Analyse
b) Trend
c) Chart
d) Kurve

29. Weder als Kosten- noch als Produktionsfaktor wird in der klassischen Ökonomie ... bezeichnet.
a) der Mensch
b) das Kapital
c) die Arbeit
d) der Boden

30. Bei der Gründung einer ... haftet jeder Gesellschafter uneingeschränkt mit seinem Privat- und Betriebsvermögen?
a) GmbH
b) AG
c) KG
d) OHG

31. Wenn in Deutschland marktbeherrschende Großunternehmen fusionieren wollen, bedarf es oftmals der Genehmigung durch ...
a) die Banken
b) den Bundestag
c) das Bundeskartellamt
d) die Justiz

32. Die übliche Berufsbezeichnung bei einer Bank für einen Wertpapierhändler lautet ...
a) Aktionär
b) Spekulant
c) Shareholder
d) Broker

33. Als Shareholder bezeichnet man üblicherweise ...
a) einen Anteilsinhaber
b) einen Aktionär
c) einen Gesellschafter
d) alle Lösungsvorschläge treffen zu

34. Der Name Henry Ford steht in der Automobilindustrie vor allem für ...
a) die Einführung von Fließbandarbeit
b) die Entwicklung eines Autos, das sich fast jeder leisten konnte
c) die Gründung eines noch heute existierenden Automobilherstellers
d) alle Lösungsvorschläge sind richtig

35. Bei einer Erkrankung des Arbeitnehmers von mehr als sechs Wochen übernimmt die Lohnfortzahlung ...
a) die Gewerkschaft
b) die Krankenkasse
c) die Rentenversicherung
d) die Sozialversicherung

36. Unter einem Joint Venture versteht man ...
a) eine wirtschaftliche Kooperation zweier Unternehmen
b) eine Übernahme eines maroden Unternehmens
c) die Abwicklung eines insolventen Unternehmens
d) kein Lösungsvorschlag ist richtig

37. Lediglich ... sind festverzinsliche Wertpapiere
a) Aktien
b) Fonds
c) Optionen
d) Renten

38. Als sogenannte Staatsquote bezeichnet man ...
a) den Anteil der Staatsausgaben am Bruttosozialprodukt
b) die staatliche Neukreditaufnahme
c) den Zinsanteil am Bruttosozialprodukt
d) die Bruttoinlandsverschuldung

39. Investmentfonds, die ihre Erträge nicht ausschütten sondern immer wieder neu anlegen, bezeichnet man auch als ...
a) Mehrwertfonds
b) Vierjahreszeitenfonds
c) Stille Fonds
d) kein Lösungsvorschlag ist richtig

4. Geografie

1. Libyens Hauptstadt ist ...
a) Damaskus
b) Tripolis
c) Casablanca
d) Beirut

2. Was ist die Tundra?
a) eine gebirgige Landschaft
b) eine wüstenähnliche Landschaft
c) eine steinige Graslandschaft
d) eine baumlose Steppenlandschaft

3. Was ist im Süden von Südamerika?
a) Ärmelkanal
b) Kap der Guten Hoffnung
c) Cap Canaveral
d) Kap Hoorn

4. Europas längster Fluss?
a) Rhein
b) Wolga
c) Rhône
d) Donau

5. Wie alt ist etwa die Erde?
a) eine Million Jahre
b) 10 Millionen Jahre
c) 4,5 Mrd. Jahre
d) weniger als 1 Million Jahre

6. Welche der folgenden Ländergruppen enthält Länder, die keine gemeinsame Grenze zur Bundesrepublik Deutschland haben?
a) Tschechien, Österreich, Schweiz
b) Österreich, Liechtenstein, Polen
c) Dänemark, Belgien, Luxemburg
d) Niederlande, Luxemburg, Frankreich

7. Bei welcher Stadt fließt die Elbe in die Nordsee?
a) Hamburg
b) Cuxhaven
c) Heiligenhafen
d) Bremerhaven

8. Der Weltradius beträgt etwa ...
a) 2 370 km
b) 4 150 km
c) 6 370 km
d) 9 550 km

9. Persiens heutiger Staatsname lautet ...
a) Syrien
b) Irak
c) Iran
d) Sudan

10. Jerusalem liegt näher am ...
a) Schwarzen Meer
b) Roten Meer
c) Toten Meer
d) alle Lösungsvorschläge sind richtig

11. Die Insel Korsika gehört politisch zu ...
a) Spanien
b) Frankreich
c) Italien
d) Griechenland

12. Der Verbindungskanal zwischen Stillem Ozean und Karibischem Meer heißt ...
a) Canal Grande
b) Suezkanal
c) Panamakanal
d) keine Lösung ist richtig

13. Das berühmte Zweistromland zwischen Euphrat und Tigris heißt ...
a) Mazedonien
b) Mesopotamien
c) Apulien
d) Katalonien

14. Die Pyrenäen bilden Grund und Boden für ...
a) Monaco
b) San Marino
c) Andorra
d) Liechtenstein

15. Durch welchen Gebirgszug wird das europäische und das asiatische Russland getrennt?
a) Karpaten
b) Kaukasus
c) Ural
d) Pyrenäen

16. Bei welchem europäischen Küstenland liegen etwa 25 % der Fläche unter der des Meeresspiegels?
a) Moldawien
b) Frankreich
c) Niederlande
d) Großbritannien

17. … grenzt an das Schwarze Meer
a) Armenien
b) Griechenland
c) Bulgarien
d) Tschechien

18. Die Hauptstadt Brasiliens ist …
a) Brasilia
b) Rio de Janeiro
c) Buenos Aires
d) kein Lösungsvorschlag ist richtig

19. Die Hauptstadt von Neuseeland ist …
a) Melbourne
b) Auckland
c) Wellington
d) kein Lösungsvorschlag ist richtig

20. Kiew ist Hauptstadt und Regierungssitz …
a) der Ukraine
b) von Russland
c) von Georgien
d) von Moldawien

21. Welches dieser Länder ist flächenmäßig das größte?
a) Russland
b) China
c) Australien
d) USA

22. Der Bosporus trennt …
a) das italienische Festland von Sizilien
b) Nordamerika von Südamerika
c) Europa von Asien
d) Afrika von Asien

23. Die Straße von Gibraltar verbindet …
a) das Mittelmeer mit dem Atlantik
b) den Atlantik mit dem Pazifik
c) das Tote Meer mit dem Mittelmeer
d) das Schwarze Meer mit dem Mittelmeer

24. Die Krim ist eine Halbinsel …
a) im Mittelmeer
b) im Schwarzen Meer
c) im Roten Meer
d) im Toten Meer

25. Das Kreuz des Südens ist eine besondere Orientierungshilfe …
a) in der Seefahrt
b) in der Luftfahrt
c) in der Raumfahrt
d) alle Lösungsvorschläge sind richtig

26. Der Panamakanal verbindet …
a) den indischen Ozean mit dem Atlantik
b) den Atlantik mit dem Pazifik
c) den Pazifik mit dem indischen Ozean
d) das Rote Meer mit dem Schwarzen Meer

27. Welche Insel ist größer als Rügen …
a) Helgoland
b) Sylt
c) Bornholm
d) keine dieser Inseln ist größer als Rügen

28. Wir kennen Damaskus als Hauptstadt von …
a) Israel
b) Syrien
c) Marokko
d) Libyen

29. Die beiden Flughäfen Gatwick und Heathrow befinden sich in der Nähe von …
a) London
b) Manchester
c) Glasgow
d) kein Lösungsvorschlag ist richtig

30. Die Schneekoppe ist die höchste Erhebung …
a) im Erzgebirge
b) im Riesengebirge
c) im Harz
d) in den Voralpen

5. Technik

1. Von der Sonne bis zur Erde braucht Licht ...
a) 8 Minuten 20 Sek.
b) 30 Minuten 15 Sek.
c) 1 Stunde 3 Sek.
d) 2 Stunden 14 Sek.

2. Das ... ist ein Messinstrument für den Luftdruck.
a) Hygrometer
b) Barometer
c) Thermometer
d) Spektroskop

3. Der/das ... ist ein Messinstrument für Erdbeben.
a) Manometer
b) Quadrometer
c) Seismograph
d) Tremblograph

4. Was zeigt ein Geigerzähler an?
a) Röntgenstrahlen
b) radioaktive Strahlung
c) Sonnenstrahlen
d) Wärmestrahlen

5. Was versteht man unter einem Semaphor?
a) beim Flugzeug das Staurohr zur Bestimmung der Geschwindigkeit
b) einen Mast zur optischen Signalgebung (Schifffahrt)
c) das Eisenbahnsignal, mit dem die Strecke freigegeben wird
d) ein Messinstrument in der Astronomie

6. Wie wird beim Flugzeug die Geschwindigkeit geregelt?
a) durch Neigungsveränderung der Flugflächen
b) durch Ausfahren der Räder
c) durch Gasgeben und Drosseln
d) durch Verstellen der Landeklappen

7. Nach welchem Prinzip wird Rohrpost befördert?
a) mit Druck- oder Saugluft
b) nach dem Prinzip der schiefen Ebene
c) mit Flüssigkeit
d) nach dem Prinzip der Anziehungskraft

8. Wo findet die Braunsche Röhre ihre Verwendung?
a) in der Stereoanlage
b) als Lichtverstärker im Laserapparat
c) im Röntgenapparat
d) als Fernsehbildröhre

9. Wie heißt das mechanische Teil, das eine Vor- und Rückwärtsbewegung eines Kolbens in eine Drehbewegung umsetzt?
a) Pleuelstange
b) Kardanwelle
c) Zylinder
d) Schiebemuffe

10. Hausstrom hat ... Hertz
a) 220
b) 85
c) 50
d) 100

11. Wie viele Stunden zeigt die Skala einer Sonnenuhr an?
a) 6 Stunden
b) 8 Stunden
c) 12 Stunden
d) 24 Stunden

12. Welche Funktion hat ein Transformator?
a) Umspanner
b) Speicher
c) Gleichrichter
d) keine Antwort ist richtig

13. Wer war der Erfinder des Buchdrucks mit

Johannes Gutenberg
-> Buchdrucks -> 1455

6. Physik

1. Was ist ein Ion?
a) ein Molekül oder ein Atom, das fähig ist, elektrischen Strom zu leiten
b) die antike Bezeichnung für einen vermuteten »Stromkörper«
c) die physikalische Maßeinheit für Stromverlust durch Widerstand
d) ein elektrisch geladenes Atom oder Molekül

2. Welcher der folgenden Stoffe leitet Wärme am besten?
a) Luft
b) Holz
c) Glas
d) Metall

3. Wie lautet die Einheit zur Angabe der elektrischen Stromstärke?
a) Volt (V)
b) Ampere (A)
c) Coulomb (C)
d) Watt (W)

4. Was versteht man unter dem spezifischen Gewicht?
a) frühere Bezeichnung für das Gewicht von 1 m^3 eines Gegenstandes auf einem zweiachsigen Wagen, das von 2 Pferden in 1 Minute 100 Meter weit gezogen werden konnte
b) das Gewicht, das ein Stoff ohne jeglichen Einfluss der Erdanziehungskraft hätte
c) die Dichte eines Stoffes, also das Gewicht pro Raummaß (g/cm^3)
d) das Gewicht eines Stoffes, das sich im Vergleich mit 1 dm^3 reinem Gold ergibt

5. Welche Funktion hat ein Transformator?
a) die Überführung von mechanischer Energie (Bewegung) in elektrischen Strom
b) die Vermeidung von Kurzschlüssen in einem elektrischen System
c) die Speicherung von elektrischer Energie in Trafospeichern
d) die Umwandlung von niedrigen elektrischen Wechselspannungen in höhere oder umgekehrt

6. Die Kapazität eines Kondensators wird mit der Einheit … bezeichnet
a) Sinus
b) Ampere
c) Ohm
d) kein Lösungsvorschlag ist richtig

7. Mit dem Namen Charles Augustin de Coulomb verbindet man …
a) die Einheit der elektrischen Ladung
b) den elektrischen Widerstand
c) die Speicherkapazität eines Kondensators
d) kein Lösungsvorschlag ist richtig

8. Der faradaysche Käfig schützt …
a) vor Wind und Wetter
b) vor Blitzen
c) vor Erdbeben
d) vor UV-Strahlung

9. Die Atomhülle besteht aus …
a) Elektronen
b) Ionen
c) Neutronen
d) Protonen

10. Immer positiv elektrisch geladen sind …
a) die Elektronen
b) die Neutronen
c) der Nukleus
d) kein Lösungsvorschlag ist richtig

11. Die Zahl der Valenzelektronen bestimmt …
a) die chemischen Eigenschaften eines Elements
b) den Anteil natürlicher Isotope
c) die Siede- und Schmelzpunkte
d) die Kernladungszahl

12. Bei seiner/ihrer Verformung erzeugt/erzeugen … eine elektrische Spannung.
a) Ferrit
b) Piezokristalle
c) PVC
d) kein Lösungsvorschlag ist richtig

7. Astronomie

1. Der Sonne am nächsten ist ...
a) der Mond
b) die Erde
c) der Merkur
d) die Venus

2. Juri Gagarin war der erste Mensch, ...
a) der den Mount Everest bezwang
b) der den Ärmelkanal durchschwamm
c) der den 1 000 Meter-Tiefseetauchversuch unternahm
d) kein Lösungsvorschlag ist richtig

3. Die Namen von Alan Shepard und Neil Amstrong sind verbunden mit ...
a) der Erforschung der Weltmeere
b) der Eroberung des Nord- und Südpols
c) der modernen Luftraumfahrt
d) des aktiven Automobilrennsports

4. Eine Mondfinsternis entsteht dadurch, dass ...
a) die Sonne zwischen Erde und Mond steht
b) der Mond zwischen Sonne und Erde steht
c) die Erde zwischen Sonne und Mond steht
d) kein Lösungsvorschlag ist richtig

5. Die sogenannte »Milchstraße« wird gebildet aus den Sternen ...
a) unseres Universums
b) unserer Galaxis
c) unseres Sonnensystems
d) kein Lösungsvorschlag ist richtig

6. Unter der Bezeichnung Abendstern versteht man ...
a) den Mond
b) den Mars
c) die Venus
d) den Saturn

7. Von der Sonne aus betrachtet befindet sich bei Vollmond ...
a) der Mond gleich weit entfernt wie die Erde
b) der Mond näher als die Erde
c) der Mond weiter entfernt als die Erde
d) alle Lösungsvorschläge sind falsch

8. Unter dem physikalischen Phänomen des »Ereignishorizonts« versteht man ...
a) ein sehr umstrittenes Thema im Zusammenhang mit »schwarzen Löchern«
b) die Mond-Anziehungskraft bezogen auf Ebbe und Flut
c) die Wahrscheinlichkeit einer Sonnenexplosion
d) kein Lösungsvorschlag ist richtig

8. Computer

1. Wozu dient ein Browser?

a) zum Herstellen von Videofilmen
b) wird verwendet, um ins Internet zu gelangen
c) wird verwendet, um illegal in fremde Computersysteme einzudringen
d) wird verwendet, die Festplatte eines Computers auf Viren hin zu untersuchen

2. Wie wird die gesamte Adresse einer Internetseite genannt?

a) URL
b) Link
c) Wildcard
d) TCP

3. Was ist ein File?

a) eine Verknüpfung zu einer Internetseite
b) das englische Wort für Datei
c) ein Virus
d) eine Firewall

4. Wenn Sie eine Webseite aufrufen, benutzen Sie das Protokoll …

a) DSL
b) HTTP
c) SSL
d) URL

5. Wie heißen die Zeichenkombinationen, die beim Chatten im Internet verwendet werden, um Gemütszustände darzustellen?

a) Icons
b) Emoticons
c) Feelings
d) Gimmix

6. Was ist Adobe Flash?

a) ein Spielfilm
b) eine Grafikkarte
c) Abspielgerät für DVD-RW
d) Abspielsoftware für animierte Inhalte

7. Java ist …

a) eine Programmiersprache
b) ein Virus
c) ein Hardwarebeschleuniger
d) Bauteil eines RAM

8. Was ist die Abkürzung für das Binärzeichen in der elektronischen Datenverarbeitung?

a) dig
b) code
c) log
d) bit

9. Ein Byte sind …

a) 2 Bit
b) 6 Bit
c) 8 Bit
d) 64 Bit

10. Was bedeutet der Zusatz »RW« hinter einer DVD?

a) Right Watch
b) Right Whale
c) Rewritable
d) Reader

11. Was ist ein Compiler?

a) ein Computer, der als Server eingesetzt wird
b) ein Programm, das Programmiercodes für den PC ausführbar macht
c) ein Name eines Computervirus
d) eine Software, die Texte in alle Sprachen übersetzen kann

12. Was geschieht beim Booten?

a) ein Rechner wird mit Schadsoftware infiziert
b) das Betriebssystem des Rechners wird geladen
c) alle Daten einer Festplatte werden gelöscht
d) ein angeschlossener USB-Stick wird verfügbar gemacht

13. Wofür steht die Abkürzungen html?

a) für ein externes Inhaltsverzeichnis zur Ablage von Files
b) eine textbasierte Auszeichnungssprache zur Strukturierung von digitalen Inhalten
c) eine Datenaufzeichungssoftware
d) eine Programmiersprache für Internetdesign

14. Was versteht man unter den vier Buchstaben http?

a) ein Hypertext-Übertragungsprotokoll
b) eine Übertragungsfrequenz
c) eine Art Quellcodegenerierung
d) einen besonderen Firewall-Schutz

9. Gesundheit

1. Das Blutvolumen eines erwachsenen Menschen mit etwa 65–75 kg Gewicht kann man mit … annehmen.
a) etwa 2–3 Liter
b) etwa 4,5–6 Liter
c) etwa 6–6,5 Liter
d) etwa 7–8,5 Liter

2. Ascorbinsäure kennen wir auch unter der Bezeichnung …
a) Vitamin A
b) Apfelessig
c) Lebertran
d) Vitamin C

3. Durch ausgiebiges Schwimmen und Radfahren wird vor allem auch …
a) das Körpergefühl gestärkt
b) das Gleichgewicht stabilisiert
c) der Blutdruck angekurbelt
d) die Ausdauerleistung gefördert

4. Einen Kropf kann man bekommen durch …
a) zu viel Jod
b) zu wenig Eisen
c) Mangel an Jod
d) Mangel an Fluor

5. Was kann ein Mangel an Fluor zur Folge haben?
a) schlechte Sehfähigkeit
b) schlechte Knochenfestigkeit
c) schlechte Konzentrationsfähigkeit
d) schlechte Zähne

6. Ein Übermaß an Alkohol wird auf Dauer insbesondere …
a) die Nieren strapazieren
b) das Herz belasten
c) den Magen angreifen
d) die Leber schädigen

7. Bei einer Gastritis ist … entzündet.
a) der Hals
b) die Magenschleimhaut
c) der Blinddarm
d) die Speiseröhre

8. Bei einer Hepatitis ist … entzündet
a) das Innenohr
b) der Rachen
c) die Leber
d) die Niere

9. Als Spurenelement ist für die Bildung von Schilddrüsenhormonen besonders wichtig …
a) Flour
b) Zink
c) Radium
d) Jod

10. Eine Dialyse wird erforderlich beim längeren Versagen …
a) der Bauchspeicheldrüse
b) der Leber
c) der Milz
d) der Nieren

11. Magengeschwüre können auch verursacht werden durch …
a) Salmonellen
b) Streptokokken
c) Helicobacter pylori Bakterien
d) Chlamydien

12. Als sogenanntes »gutes, weil nicht schädliches Cholesterin« gilt …
a) FDL-Cholesterin
b) MDL-Cholesterin
c) LDL-Cholesterin
d) kein Lösungsvorschlag trifft zu

13. Wo nimmt das Verdauungssystem die meisten Nährstoffe auf?
a) im Magen
b) in der Mundhöhle
c) im Dünndarm
d) im Dickdarm

14. Durch welchen Vitaminmangel kann Rachitis begünstigt oder ausgelöst werden?
a) Vitamin A
b) Vitamin B 12
c) Vitamin C
d) Vitamin D

10. Ernährung

1. Ganz besonders viele Kohlenhydrate pro 100 Gramm enthält / enthalten ...
a) die Kartoffel
b) Nudeln / Teigwaren
c) Quark
d) Butter

2. Glutamat ist ein ...
a) Stärkemittel
b) Bindemittel
c) Geschmacksverstärker
d) alle Lösungsvorschläge sind richtig

3. Was hat pro 100 Gramm mehr Kalorien als Honig?
a) Schmand
b) Banane
c) Lachs
d) Erdnüsse

4. Vollmilch hat einen Fettanteil von etwa ...
a) 0,1 %
b) 1 %
c) 3,5 %
d) 10 %

5. Demeter ist ...
a) ein Markenproduktzeichen
b) eine griechische Fruchtbarkeitsgöttin
c) die Tochter von Kronos
d) alle Lösungsvorschläge sind richtig

6. Welche dieser Nahrungsmittelgruppen hat einen sehr hohen Eiweißanteil?
a) Obst und Gemüse
b) Margarine und Butter
c) Reis und Nudeln
d) Joghurt und Quark

7. 1 g Eiweiß hat einen ungefähren Brennwert von
a) 1,1 kcal
b) 4,1 kcal
c) 9,9 kcal
d) kein Lösungsvorschlag ist richtig

8. Der Stoff, der Tomaten rot werden lässt und angeblich vor Krebs schützt ist ...
a) Amphetamin
b) Insulin
c) Lycopin
d) kein Lösungsvorschlag ist richtig

9. Diese Vitamin-Gruppe gehört zu den Antioxidantien ...
a) A, B, C
b) A, C, E
c) C, D, E
d) kein Lösungsvorschlag ist richtig

10. Die sogenannten Omega-3-Fettsäuren findet man vor allem in ...
a) Obst und Gemüse
b) Fleisch und Milch
c) Getreideprodukten
d) Fisch

11. Biologie

1. Welcher Teil der Zelle spielt bei der Fortpflanzung die Hauptrolle?
a) Zellmembran
b) Zellflüssigkeit
c) Zellmantel
d) Zellkern

2. Wie viele Chromosomen hat die menschliche Zelle?
a) 38 Chromosomen
b) 46 Chromosomen
c) 40 Chromosomen
d) 58 Chromosomen

3. Welcher Stoff sorgt dafür, dass Rasen grün ist?
a) Chlorophorm
b) Chlorophyll
c) Chlorose
d) Chloräthylen

4. Welcher Teil des Auges ist für das Sehen hauptverantwortlich?
a) Netzhaut
b) Pupille
c) Linse
d) Strahlenkörper

5. Die Mücke legt ihre Eier ab in / auf ...
a) Müll
b) Blätter
c) Sand
d) Wasser

6. Wie viele Zähne hat der Mensch (normalerweise)?
a) 28 Zähne
b) 32 Zähne
c) 42 Zähne
d) 38 Zähne

7. Welcher Stoff ist der Hauptbestandteil von Luft?
a) Sauerstoff
b) Ozon
c) Stickstoff
d) Kohlenstoff

8. Was versteht man unter Ornithologie?
a) Insektenkunde
b) Balzverhalten
c) Paarungsverhalten
d) Vogelkunde

9. Wo befindet sich der Adamsapfel?
a) am Kehlkopf
b) am Schienbein
c) neben der Milz
d) an der Bauchspeicheldrüse

10. Was befindet sich im Innenohr?
a) Labyrinth
b) Trompete
c) Trommelfell
d) Muschel

11. Welche Tiere haben Facettenaugen?
a) Schlangen
b) Insekten
c) Säugetiere
d) Fische

12. Eine maßgebliche Veränderung des Erbgutes eines Lebewesens bezeichnet man als ...
a) Modifikation
b) Variation
c) Mutation
d) Adaption

13. Wie heißt der Oberbegriff für Gallen- und Magensaft?
a) Hormone
b) Enzyme
c) Sekrete
d) Lauge

14. Als größtes Säugetier gilt ...
a) der Elefant
b) das Flusspferd
c) der Pottwal
d) das Nashorn

15. Zu der Verdauungsunterstützung tragen vor allem ... bei.
a) Hormone
b) Blutfette
c) Vitamine
d) Ballaststoffe

16. Rote Blutkörperchen werden auch als ... bezeichnet
a) Leukozyten
b) Thrombozyten
c) Erythrozyten
d) alle Lösungsvorschläge sind richtig

17. Für die Wasserhärte ist der Anteil an ... ausschlaggebend.
a) Calcium- und Magnesiumsalzen
b) Natrium- und Chloridsalzen
c) Chlorid- und Kaliumsalzen
d) Kalium- und Magnesiumsalzen

18. Welches Vitamin hat Beta-Carotin als Vorstufe?
a) Vitamin E
b) Vitamin A
c) Vitamin B12
d) Vitamin C

19. Charles Darwin beschäftigte sich auf den Galapagosinseln insbesondere mit ...
a) Affen
b) Mäusen
c) Schildkröten
d) Finken

20. Zu den Bestandteilen der menschlichen Zelle gehören ...
a) Nucleolus
b) Golgi-Apparat
c) kein Lösungsvorschlag ist richtig
d) beide Lösungsvorschläge sind richtig

21. Charles Darwin studierte unter anderem ...
a) Medizin
b) Theologie
c) Naturwissenschaften
d) alle diese Fächer

22. Welche Vitamine sind fettlöslich?
a) A B C D
b) B C D E
c) C D E K
d) A D E K

23. Das Atemzentrum im Gehirn findet man im
a) Großhirn
b) Kleinhirn
c) Zwischenhirn
d) verlängerten Mark

24. Wo kommen Myofibrillen vor?
a) im Fettgewebe
b) im Nervengewebe
c) im Bindegewebe
d) im Muskelgewebe

25. Ein Kilo menschliches Körperfett hat einen Brennwert von etwa ...
a) 1 000 kcal
b) 2 000 kcal
c) 7 000 kcal
d) 10 000 kcal

26. Wer hat die Vererbungsgesetze als Erster beschrieben?
a) Konrad Lorenz
b) Charles Darwin
c) Gregor Mendel
d) Carl von Linné

12. Chemie

1. Auf welchem Grundstoff basiert die gesamte organische Chemie?
a) auf Sauerstoff
b) auf Wasserstoff
c) auf Kohlenstoff
d) auf Stickstoff

2. Was ist ein Molekül?
a) der kleinste Schwebepartikel aus Wasser im Nebel
b) die kleinste Einheit einer chemischen Verbindung aus mindestens 2 Atomen, die noch die typischen Eigenschaften dieser Verbindung besitzt
c) ein Kühlmittel, das vor allem in Kühlschränken zum Einsatz kommt
d) das atomare Teilchen der Atmosphäre, durch das sich Lichtwellen ausbreiten

3. Was ist Quecksilber (Hg)?
a) eine Legierung aus Silber und Eisen
b) eine giftige, silberfarbige Lauge
c) ein Element und Metall
d) eine silberglänzende ätzende Säure

4. Wie viele chemische Elemente sind der Wissenschaft bekannt?
a) ca. 70
b) ihre Zahl gilt als unbegrenzt
c) mehr als 100
d) genau 4

5. Was bezeichnet man als »weiches Wasser«?
a) Wasser mit starkem Kalkgehalt
b) Wasser ohne Kalkgehalt
c) Wasser, das abgekocht wurde
d) Wasser, das radioaktiv strahlt

6. Wofür steht »Pb« in der Chemie?
a) Phosphor
b) Blei
c) Plutonium
d) Platin

7. Die Oktanzahl steht bei Kraftstoffen für die Angabe ...
a) des Bleigehalts
b) des Schadstoffgehalts
c) der Klopffestigkeit
d) alle Lösungsvorschläge sind richtig

8. Antioxidantien haben die Funktion ...
a) einen Oxidationsprozess zu verhindern
b) einen Abbauprozess zu beschleunigen
c) einen Aufspaltungs- und Teilungsprozess zu ermöglichen
d) kein Lösungsvorschlag ist richtig

9. Bei der Konvektion geht es um ...
a) Risikominimierung
b) Wärmetransport
c) Druckluftaustausch
d) Leitungsoptimierungsbilanzen

10. Was gehört nicht in die Hauptgruppe der Halogene?
a) Fluor und Chlor
b) Brom und Iod
c) radioaktives Astat und instabiles Ununseptium
d) kein Lösungsvorschlag ist richtig

13. Kunst

1. Renoir gehörte zu den Malern, die das moderne Leben in der Großstadt malten. Die Stilgruppe heißt ...

a) Expressionismus
b) Impressionismus
c) Surrealismus
d) Realismus

2. Welcher Maler soll sich im Wahn ein Ohr abschnitten haben?

a) Joan Miró
b) Salvador Dalí
c) van Gogh
d) Spitzweg

3. Die Mona Lisa (1502) malte ...

a) Verrocchio
b) da Vinci
c) Michangelo
d) Tizian

4. Wie heißt die deutsche Grafikerin und Bildhauerin, die vor allem soziale Themen beeindruckend darstellte?

a) Waldorf
b) Beisinghoff
c) Lasker-Schüler
d) Kollwitz

5. Um 1888 wurde eine neue Pinseltechnik entwickelt. An der Punkt-Strich-Malerei erkennt man den Stil von ...

a) van Gogh
b) Picasso
c) Raffael
d) Cézanne

6. Der bekannteste Vertreter der abstrakten Kunst in Russland um 1900 war ...

a) Kokoschka
b) Kandinsky
c) Rodin
d) Degas

7. Aus dem sog. Jugendstil entwickelte sich auch das Plakat. Der »Erfinder«, der sich an den Japanern orientierte, war ...

a) Toulouse-Lautrec
b) Ferdinand Hodler
c) Chagall
d) Marées

8. Die byzantinische Epoche hat insbesondere die Kunstart der ... entwickelt und gepflegt.

a) Skulpturen
b) Glasmalerei
c) Mosaike
d) Ornamentik

9. Welcher Maler des 19. Jahrhunderts befasste sich in seinen Bildern besonders liebe- und humorvoll mit dem Leben von Kleinstädtern und Sonderlingen?

a) Liebermann
b) Zille
c) Dix
d) Spitzweg

10. Welcher französische Maler verwendete mit Vorliebe Motive aus der Inselwelt Polynesiens (Südsee)?

a) Cézanne
b) Gauguin
c) Marc
d) Magritte

11. Salvador Dalí ist einem breiten Publikum besonders bekannt durch seine ...

a) romantischen Bilder
b) mystischen Traumbilder
c) realistischen Landschaftsbilder
d) surrealen Bilder

12. Wo findet die Ausstellungsreihe »documenta« statt?

a) Kassel
b) Köln
c) Karlsruhe
d) Klagenfurt

13. Joan Miró ist ein Maler ...
a) der Landschaftsaquarelle
b) von historischen Kriegsereignissen
c) abstrakter Kunst
d) surrealer Portraits

14. Pablo Picasso gilt als wichtiger Maler ...
a) der Moderne
b) der modernen Architekturmalerei
c) der französischen Romantik
d) des Impressionismus

15. Ein bedeutender Maler der deutschen Romantik war ...
a) Emil Nolde
b) Carl Spitzweg
c) Caspar David Friedrich
d) Albrecht Dürer

16. Der Künstler und Goldschmied Peter Carl Fabergé ist besonders bekannt wegen ...
a) seiner schweren Goldringe
b) seiner diamantenbesetzten Diademe
c) seiner Juwelen besetzten Ostereier
d) seiner außergewöhnlichen Broschen

17. Die Alte Pinakothek findet man in ...
a) Berlin
b) Leipzig
c) München
d) Wien

18. Das Ursprungsland der Renaissance ist ...
a) Deutschland
b) Frankreich
c) Italien
d) Schweiz

19. Joseph Beuys ist als Künstler bekannt geworden durch seine ...
a) Installationen und Materialien wie Filz und Fett
b) ungewöhnlichen Musik- und Kunstvideos
c) extrem theatralischen Auftritte und Inszenierungen
d) alle Lösungsvorschläge sind richtig

20. »Der Schrei« ist ein bekanntes Bild von ...
a) van Gogh
b) Rembrandt
c) Picasso
d) kein Lösungsvorschlag ist zutreffend

21. Ein bekannter italienischer Bildhauer der Renaissance war ...
a) Leonardo da Vinci
b) Cesare Borgia
c) Michelangelo
d) Machiavelli

22. Rembrandts Bild »Die Nachtwache« wird ausgestellt ...
a) im Louvre (Paris)
b) im Dresdner Zwinger (Dresden)
c) in der Alten Pinakothek (München)
d) alle Lösungsvorschläge sind falsch

23. »Die Erschießung der Aufständischen« ist ein Bild von ...
a) Picasso
b) Rembrandt
c) Renoir
d) kein Lösungsvorschlag ist richtig

24. Der Maler Paul Gauguin lebte und malte über einen längeren Zeitraum ...
a) auf Kuba
b) auf Gran Canaria
c) auf Hawaii
d) kein Lösungsvorschlag ist richtig

25. Die Skulptur »Der Denker« ist von ...
a) Käte Kollwitz
b) Ernst Barlach
c) Henry Moore
d) kein Lösungsvorschlag ist richtig

26. Jacques-Louis David ist als Maler bekannt wegen seiner ...
a) abstrakten Bilder
b) Bilder über die Französische Revolution
c) naturgetreuen Tierbilder
c) kein Lösungsvorschlag ist richtig

14. Architektur

1. Das Schloss von Versailles kann welchem Baustil zugeordnet werden?

a) Barock
b) Rokoko
c) Romantik
d) Renaissance

2. Der Kölner Dom ist welcher Stilepoche zuzuordnen?

a) Renaissance
b) Klassizismus
c) Romantik
d) Gotik

3. Beim 1919 in Weimar gegründeten Bauhaus handelt es sich ...

a) um einen ersten Baumarkt
b) um eine akademische Ausbildungsstätte
c) um die Entwicklung eines standardisierten Einfamilienhauses
d) kein Lösungsvorschlag ist richtig

4. Walter Gropius, Mies van der Rohe und Le Corbusier sind Architekten ...

a) der Klassik
b) des Jugendstils
c) der Moderne
d) des Bauhausstils

5. Schloss Sanssouci steht in ...

a) Versailles
b) Paris
c) Potsdam
d) Berlin

6. Der Designer Luigi Colani ist bekannt für ... seiner Produkte

a) die bevorzugte schwarze Farbe
b) die Bevorzugung scharfer Kanten und Ecken
c) eine Vorliebe für abgerundete Formen
d) kein Lösungsvorschlag ist richtig

7. Der Bauhausstil wird besonders auch mit dem Namen des Architekten ... verbunden

a) Walter Jens
b) Walter Gropius
c) Walter Ulbricht
d) Walther von der Vogelweide

8. Die Sagrada Família in Barcelona wurde entworfen von ...

a) Juan Bautista de Toledo
b) Friedensreich Hundertwasser
c) Antoni Gaudí
d) Benjamin Hall

15. Literatur

1. Der bedeutendste Erziehungs- und Entwicklungsroman um 1800 war »Wilhelm Meisters Lehrjahre« und stammt von ...
a) Herder
b) Schiller
c) Lessing
d) Goethe

2. Hans Jakob Christoffel von Grimmelshausen schuf im 17. Jahrhundert eine satirische Dichtung mit dem Namen ...
a) die Betschwester
b) der Arme Heinrich
c) der Simplicissimus
d) der Mann mit dem Goldhelm

3. Ein bedeutender französischer Komödiendichter des 17. Jahrhunderts war ...
a) Guy de Maupassant
b) Balzac
c) Molière
d) Stendhal

4. »Die Buddenbrooks«, die Familiengeschichte einer Lübecker Kaufmannsfamilie, schrieb 1901 ...
a) Thomas Mann
b) Stefan Zweig
c) Hermann Löns
d) Hermann Hesse

5. Gerhart Hauptmanns soziales Drama »Die Weber« stammt aus der Epoche des ...
a) Symbolismus
b) Impressionismus
c) Naturalismus
d) Expressionismus

6. Der Roman »Der Prozess« wurde geschrieben von ...
a) Hermann Hesse
b) Friedrich Dürrenmatt
c) Franz Kafka
d) Günter Grass

7. Wer schrieb »Die fromme Helene«?
a) Heine
b) Kleist
c) Busch
d) Wagner

8. Wer schrieb »Der Hauptmann von Köpenick«?
a) Zuckmayer
b) Valentin
c) Böll
d) Hauptmann

9. Der Satz »Sein oder nicht sein, das ist hier die Frage!« ist aus einem Stück von ...
a) Goethe
b) Schiller
c) Dickens
d) Shakespeare

10. Selma Lagerlöf erhielt als erste Frau ...
a) eine Auszeichnung für Tapferkeit
b) den Friedensnobelpreis
c) den Literaturnobelpreis
d) alle Lösungsvorschläge sind falsch

11. Welcher deutsche Schriftsteller wurde bekannt durch einen Kriegsroman?
a) Zweig
b) Brecht
c) Remarque
d) Mörike

12. Über den 30-jährigen Krieg schrieb Schiller das dreiteilige Drama ...
a) Don Carlos
b) Wilhelm Tell
c) Wallenstein
d) Aida

13. Wer schrieb die Harry-Potter-Romane?
a) C. Funke
b) J.R.R. Tolkien
c) C.S. Lewis
d) J.K. Rowling

14. Ein berühmtes Drama und Theaterstück von Samuel Beckett heißt ...
a) Besuch der alten Dame
b) Warten auf Godot
c) Alle Jahre wieder
d) Kein Lösungsvorschlag ist richtig

15. Das Buch Robinson Crusoe wurde geschrieben von ...
a) Charles Dickens
b) Edgar Wallace
c) James Joyce
d) Daniel Defoe

16. »Auf der Suche nach der verlorenen Zeit« ist ein Roman von ...
a) Hermann Hesse
b) Günter Grass
c) Marcel Proust
d) Kein Lösungsvorschlag ist richtig

17. »Dr. Schiwago« ist ein weltberühmter Roman von ...
a) Maxim Gorki
b) Boris Pasternak
c) Leo Tolstoi
d) Henry Miller

18. »Die göttliche Komödie« schrieb ...
a) Boccaccio
b) Visconti
c) Fellini
d) Dante

19. »Der Untertan« wurde geschrieben von ...
a) Thomas Mann
b) Thomas Bernhard
c) Heinrich Mann
d) Heinrich Böll

20. William Shakespeare hat unter anderem auch das Stück ... geschrieben.
a) Der zerbrochene Krug
b) Der längste Tag
c) Die Räuber
d) Der widerspenstigen Zähmung

21. »Der Name der Rose« ist ein Werk von ...
a) Machiavelli
b) Umberto Eco
c) Renato Grande
d) Kein Lösungsvorschlag ist richtig

16. Musik

1. Welcher Notendreiklang ergibt einen C-Dur-Akkord?
a) C – D – G
b) D – F – A
c) C – D – F
d) C – E – G

2. Wie viele Noten hat eine Oktave?
a) 10 Noten
b) 8 Noten
c) 12 Noten
d) 6 Noten

3. Wer komponierte den Liederzyklus »Winterreise«?
a) Schubert
b) Schumann
c) Bartók
d) Schulz

4. Wie viele Saiten hat eine »normale« Gitarre?
a) 4 Saiten
b) 6 Saiten
c) 10 Saiten
d) 8 Saiten

5. Für den Text des Deutschlandliedes steht der Name ...
a) Adolf Hitler
b) August Hoffmann von Fallersleben
c) Johannes R. Becher
d) Johann Wolfgang von Goethe

6. Wer komponierte »Tosca«?
a) Puccini
b) Bizet
c) Verdi
d) Leoncavallo

7. Albert Mangelsdorff ist international bekannt geworden als ...
a) Klavierspieler
b) Saxofonist
c) Posaunist
d) Schlagzeuger

8. Das Geburtsland des Jazz liegt in ...
a) Afrika
b) Lateinamerika
c) Nordamerika
d) Asien

9. Wie bezeichnet man eine Tonleiter, die sich aus Halbtonstufen zusammensetzt?
a) melodische
b) harmonische
c) disharmonische
d) chromatische

10. Größter Meister der Barockmusik ist neben Bach auch ...
a) Haydn
b) Beethoven
c) Mozart
d Händel

11. Ennio Morricone ist bekannt geworden durch ...
a) seine Musik für berühmte Westernfilme
b) seine Skulpturen für große Museen
c) seine Gedichtsammlungen über Leben und Tod
d) kein Lösungsvorschlag trifft zu

12. Der Komponist Verdi wurde geboren in ...
a) Italien
b) Spanien
c) Frankreich
d) Portugal

13. Johann Sebastian Bach steht für Begriffe wie ...
a) das wohl temperierte Klavier
b) die klassische Fuge
c) exzellenter Komponist
d) alle Lösungsvorschläge sind richtig

14. »Mackie Messer« ist eine Figur aus ...
a) dem Figaro
b) der Dreigroschenoper
c) der Westzeitstory
d) aus Romeo und Julia

17. Interkulturelles

1. Was ist ein Muezzin?
a) Ausrufer, der die Muslime zum Gebet ruft
b) Islamischer Feiertag
c) Japanischer Mönch
d) Islamische Moschee

2. Was ist der Ramadan?
a) Weihnachtsfest der Tibeter
b) Islamischer Fastenmonat
c) Christliches Osterfest
d) Buddhistisches Neujahr

3. Zu den 5 Säulen des Islam gehört ...
a) die Heirat
b) die Burka
c) die Armenabgabe
d) der Rosenkranz

4. Die drei Pfeiler des türkischen Wertgefüges sind ...
a) Saygi, Namus und Seref
b) Naygi, Samus und Seref
c) Saygi, Samus und Neref
d) Naygi, Namus und Neref

5. Saygi bedeutet in der türkischen Kultur ...
a) Wut und Aggressivität
b) Verlegenheit oder Scham
c) Freude und Heiterkeit
d) Respekt oder Achtung

6. Was ist mit Stereotypen bezüglich anderer Kulturen gemeint?
a) Offenheit bezüglich neuer Erfahrungen
b) Gemeinsame Aktivitäten
c) Verallgemeinerungen und Kategorisierungen
d) Kampf der Kulturen

7. Die Segregation bezeichnet die ...
a) Entmischung von Kulturen
b) Vermischung von Kulturen
c) Aufbruch von Kulturen
d) Einbruch von Kulturen

8. Beim Rassismus ...
a) wird versucht, die freiheitlich demokratische Grundordnung mit Gewalt zu überwinden
b) wird versucht, die freiheitlich demokratische Grundordnung ohne Gewalt zu überwinden
c) werden Gemeinsamkeiten zwischen Kulturen besonders betont
d) werden Unterschiede zwischen Kulturen besonders betont

9. Als Rituale ...
a) werden Gebetstage im islamischen Glauben bezeichnet
b) wird die Beschneidung von Jungen zwischen dem 6. und 10. Lebensjahr bezeichnet
c) wird ein Bildnis Gottes im buddhistischen Glauben bezeichnet
d) werden feste Bestandteile bezeichnet, die man in Kulturen lebt

10. Als Ethnie bezeichnet man ...
a) eine Menschengruppe mit einheitlicher Kultur
b) einen thailändischen Glauben
c) ein Hautmerkmal
d) eine Menschengruppe mit einem einheitlichen sprachlichen Dialekt

18. Bedeutende Persönlichkeiten

1. Ferdinand Lassalle
a) Gründer des Allgemeinen Deutschen Arbeitervereins
b) bedeutender französischer Arzt
c) Entdecker der Großen Antillen
d) Gründer des Roten Kreuzes

2. Ruggero Leoncavallo
a) italienischer Baumeister in Florenz
b) italienischer Astronom
c) italienischer Opernkomponist
d) italienischer Meisterkoch

3. Oskar Kokoschka
a) bedeutender Regisseur
b) bedeutender Maler und Grafiker
c) Kunstauktionator in München
d) bekannter Musiker

4. Ernst Heinkel
a) Erfinder des Turbostrahltriebwerks bei Flugzeugen
b) Erfinder der Taschenuhr
c) Erfinder der Turbinentechnik
d) Waschmittelfabrikant

5. Emil Wiechert
a) Minister zu Zeiten der Weimarer Republik
b) Begründer der Erdbebenkunde
c) bedeutender deutscher Dichter
d) Begründer der Farbenlehre

6. Alfred Nobel
a) Museumsgründer
b) Kunstforscher
c) Preisstifter
d) Politiker

7. Otto von Guericke
a) Erfinder des Zeichenbretts
b) Erfinder des Kugelschreibers
c) Erfinder der Luftpumpe
d) Erfinder des Flugzeugs

8. Leonardo da Vinci
a) Erfinder des Luftreifens
b) Erfinder des Sturzhelms
c) Erfinder des Fallschirms
d) Erfinder der Zwölftonmusik

9. Wilhelm Conrad Röntgen
a) Erfinder des Fotoapparats
b) Entdecker des Tuberkelbazillus
c) Physiker
d) Chemiker

10. Johannes Kepler
a) Entdecker der Sonnenstrahlung
b) Entdecker der Planetengesetze
c) Entdecker der Mondkrater
d) Entdecker der Mondanziehungskraft

11. Benjamin Franklin
a) Erfinder des Blitzableiters
b) Erfinder des Glasglühlichts
c) Erfinder des Thermometers
d) Entdecker des Wechselstroms

12. James Watt
a) Erfinder der Dampfmaschine
b) Erfinder des Revolvers
c) Entdecker des Pulvers
d) Erfinder der Glühbirne

13. Rosa Luxemburg
a) Malerin
b) Filmemacherin
c) Politikerin
d) Schriftstellerin

14. Sophie Scholl
a) Pädagogin
b) Widerstandskämpferin
c) Politikerin
d) Musikerin

15. Konrad Lorenz
a) Erdbebenforscher
b) Kabarettist
c) Pädagoge
d) Verhaltensforscher

16. Alexander Graham Bell
a) Erfinder der Waschmaschine
b) Erfinder des Telefons
c) Erfinder des Radios
d) Erfinder des Faxgeräts

19. Bildsymbole

1. Dieses Symbol / Bild bedeutet:

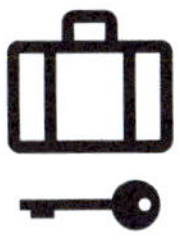

a) abschließbarer Koffer
b) Vorsicht, Schlüsselverlustgefahr!
c) Gepäckschließfächer
d) Schlüsselkoffer

2. Mit diesem Symbol verbindet man:

a) die Lehre von der Astrologie
b) eine Hippie-Flower-Power-Bewegung
c) das wache ökologische Bewusstsein
d) eine fernöstliche Religion

3. Dieses Zeichen soll ausdrücken:

a) Sieg (englisch »Victory«)
b) Ich schwöre bei meiner Ehre
c) Ihr seid mir alle egal
d) Hallo Pfadfinder, ich bin auch einer

4. Mit diesem Zeichen will man …

a) warnen vor tödlicher Gefahr
b) aufmerksam machen auf evtl. Seeräuber
c) auf eine alte Grabstätte hinweisen
d) vor einer tödlich verlaufenden Krankheit warnen

5. Dieses Zeichen hat folgende Bedeutung:

a) Vorsicht, Gift!
b) Vorsicht, Arzt!
c) Gesundheit
d) Stab des Äskulap

6. Dieses Symbol …

a) warnt vor Strom
b) warnt vor Radioaktivität
c) warnt vor Chemieabfällen
d) warnt vor starkem Wind

7. Dieses Zeichen steht für …

a) UNO
b) UNESCO
c) umweltschonende Produktion
d) UNICEF

8. Die Bedeutung dieses Zeichens hat etwas zu tun mit …

a) Windkraft
b) Sonnenenergie
c) Verkehrsregelung
d) Wiederverwertung

9. Die Bedeutung dieses Zeichens steht für …

∞

a) Anfang
b) unendlich
c) Ende
d) Start

10. Die Kombination dieser beiden Zeichen steht für …

A Ω

a) Anfang und Ende
b) Start und Ziel
c) Ampere und Ohm
d) Ist und Soll

20. Themenübergreifendes

1. Weihnachten feiern die Christen ...
a) das Fest der Versöhnung
b) das Fest der Liebe
c) die Ausschüttung des Heiligen Geistes
d) die Geburt Jesu Christi

2. Ein Hydrometer ist ein Messgerät ...
a) zur Bestimmung der Dichte oder des spezifischen Gewichts von Flüssigkeiten
b) zur Erfassung radioaktiver Strahlung
c) zur Bestimmung des Druckes von Flüssigkeiten oder Gas
d) zur Erfassung von elektrischem Widerstand

3. Die Tate Gallery ist zu finden in ...
a) New York
a) Los Angeles
c) Kopenhagen
d) London

4. Die Eule wird häufig als Symbol für ... gewählt.
a) Leidenschaft
b) Einsamkeit
c) Weisheit
d) Frieden

5. Wofür wurde u. a. das Schengener Abkommen geschlossen?
a) ethische Kontrollinstanz bei Genversuchen
b) Einführung des Euro
c) Abbau der Grenzkontrollen innerhalb der EU
d) Koordination der Frequenzen im Flugverkehr

6. Wer war Louis Armstrong?
a) Musiker
b) Astronaut
c) Physiker
d) Schriftsteller

7. Was ist ein Paternoster?
a) christliches Gebet
b) Personen-Umlaufaufzug
c) feierlicher Umzug an Ostern
d) Riesenrad

8. Wie viele Kontinente gibt es nach der geopolitischen Einteilung?
a) 5
b) 7
c) 9
d) 6

9. Was ist die Porta Nigra?
a) eine berühmte antike Brücke in Madrid
b) ein römisches Stadttor und Wahrzeichen der Stadt Trier
c) eine Tempelanlage der Azteken in Mexiko
d) eine sehr giftige Schlangenart im Amazonasgebiet

10. Wie hoch ist der aktuelle Mehrwertsteuersatz für Butter?
a) 7 %
b) 19 %
c) 25 %
d) 10 %

11. Unter dem sogenannten Placebo-Effekt bei der Medikation versteht man ...
a) Phantomschmerzen
b) eine selbsterfüllende Prophezeiung
c) einen Antiviruseffekt
d) ein Scheinmedikament

12. Was ist die Kaaba?
a) ein besonderes Schriftdokument
b) eine religiöse Pilgerstätte
c) ein Mahnmal des Holocaust
d) ein zentrales Heiligtum des Islams

13. Genealogie beschäftigt sich mit der ...
a) Politik- und Sozialforschung
b) Ahnenforschung
c) Altertumsforschung
d) Genforschung

Lesehinweise

- Testtraining Allgemeinwissen
- Das große Testtraining der Allgemeinbildung
- Testtraining 2000plus

Intelligenz-Testaufgaben

(Lösungen Seite 134)

Auch auf Intelligenz-Testaufgaben kann man sich vorbereiten. Im Folgenden finden Sie Aufgaben aus den Bereichen verbale Intelligenz, Logik und räumliches Vorstellungsvermögen.

1. Wortbedeutungen

In dieser Aufgabe geht es darum, das Lösungswort (a–d) herauszufinden, das dem ersten vorgegebenen Wort gleicht oder ihm sehr ähnlich ist.

Beispiel:

Regen
a) Wetter
b) Gewitter
c) Niederschlag
d) Klima

Lösung: c (Niederschlag entspricht am ehesten der Wortbedeutung von Regen)

Für 23 Aufgaben haben Sie 8 Minuten Zeit.

1. Wagen
a) Risiko
b) Mut
c) Fahrzeug
d) Fahrrad

2. perfekt
a) gescheit
b) vollkommen
c) richtig
c) gelocht

3. diskret
a) schweigsam
b) still
c) ruhig
d) verschwiegen

4. publizieren
a) veröffentlichen
b) entwickeln
c) versteigern
d) vortragen

5. mannigfaltig
a) faltenreich
b) zahlreich
c) maßvoll
d) vielfältig

6. Eingabe
a) Anliegen
b) Gesuch
c) Anmeldung
d) Bericht

7. absurd
a) unbedingt
b) ungeschickt
c) unwiederbringlich
d) widersinnig

8. subversiv
a) exzessiv
b) widerlich
c) umstürzlerisch
d) intensiv

9. unverzüglich
a) unversehens
b) unerwartet
c) sofort
d) bedenkenlos

10. unerlässlich
a) unwiderruflich
b) unverkennbar
c) zwingend
d) uneingeschränkt

11. rührig
a) regsam
b) strebsam
c) gefühlvoll
d) ergreifend

12. Fügung
a) Macht
b) Verhängnis
c) Zufall
d) Schicksal

13. Konvoi
a) Verbindung
b) Geleitzug
c) Überzeugung
d) Konvention

14. kolossal
a) außergewöhnlich
b) außerordentlich
c) erdrückend
d) gewaltig

15. irden
a) irren
b) menschlich
c) aus Ton
d) zur Erde gehörig

16. echt
a) aufrichtig
b) unverfälscht
c) ehrlich
d) anständig

17. Traktat
a) Vortrag
b) Quälerei
c) Abhandlung
d) landwirtschaftliche Maschine

18. Honorar
a) Angst
b) Horror
c) Bezahlung
d) Ehre

19. Gesinde
a) Mädchenname
b) Lumpenpack
c) Hausangestellte
d) Blumenstrauß

20. Fuge
a) Furche
b) Graben
c) landwirtschaftliches Gerät
d) Musikstück

21. autonom
a) selbstständig
b) selbstverständlich
c) selbstherrlich
d) selbstbewusst

22. vereiteln
a) verraten
b) petzen
c) verleugnen
d) hintertreiben

23. vorurteilsfrei
a) sachlich
b) kühl
c) gerecht
d) einfach

Lesehinweise

- Siehe auch kleines Testtrainingslexikon in diesem Buch ab Seite 125
- 1 x 1 Logik-Tests

2. Sprichwörter

Bei der nächsten Aufgabe geht es darum, Sprichwörter mit ähnlicher Bedeutung zu erkennen.

Beispiel:

Wie in den Wald hineingerufen wird, so schallt es heraus.
a) Wer rastet, der rostet.
b) Wie man sich bettet, so liegt man.
c) Alte Liebe rostet nicht.
d) In einen Eimer geht nicht mehr, als er fassen kann.

Lösung: b (Nur das Sprichwort b hat eine ähnliche Bedeutung wie das fett gedruckte Sprichwort.)

Für 11 Aufgaben haben Sie 5 Minuten Zeit.

1. Wer sich in Gefahr begibt, kommt darin um.
a) Wer einmal lügt, dem glaubt man nicht.
b) Was Jupiter darf, darf der Ochse noch lange nicht.
c) Vorsicht ist besser als Nachsicht.
d) Wer sich unter die Kleie mischt, den fressen die Schweine.

2. Wie die Alten sungen, so zwitschern die Jungen.
a) Wer A sagt, muss auch B sagen.
b) Reden ist Silber, Schweigen ist Gold.
c) Junge fideln, wie Alte die Geigen gestimmt haben.
d) Jung gewohnt, alt getan.

3. Sorge dich nicht um die Wiege, ehe dein Kind geboren ist.
a) Ein ungelegtes Ei ist ein ungewisses Huhn.
b) Ein blindes Huhn findet auch ein Korn.
c) Frisch gewagt ist halb gewonnen.
d) Ehrlichkeit währt am längsten.

4. Kleinvieh macht auch Mist.
a) Kommt Zeit, kommt Rat.
b) Wer A sagt, muss auch B sagen.
c) Steter Tropfen höhlt den Stein.
d) Rom ist nicht an einem Tag erbaut worden.

5. Ein Unglück kommt selten allein.
a) Glück und Glas, wie schnell bricht das.
b) Unglück kennt keine Moral.
c) Wenn Unglück dir geschadet, denk nicht, es sei nun satt.
d) Jeder ist seines Unglückes Schmied.

6. Was ein Häkchen werden will, krümmt sich beizeiten.
a) Altes Holz brennt am besten.
b) Es ist noch kein Meister vom Himmel gefallen.
c) Was Hänschen nicht lernt, lernt Hans nimmermehr.
d) Gut Ding braucht Weile.

7. Wer zuletzt lacht, lacht am besten.
a) Ende gut, alles gut.
b) Jeder möchte alt werden, aber nicht alt sein.
c) Die Mode kommt, die Mode geht.
d) Unverhofft kommt oft.

8. Ein gesprungener Topf hält lange aus.
a) Die Zeit heilt alle Wunden.
b) Gut Ding braucht Weile.
c) Was lange währt, wird endlich gut.
d) Wer immer klagt, stirbt nicht so bald.

9. Wer zuerst kommt, mahlt zuerst.
a) Morgenstunde hat Gold im Munde.
b) Was du heute kannst besorgen, das verschiebe nicht auf morgen.
c) Nur der schnellste Hund fängt den Hasen.
d) Trinke, sobald du am Brunnen bist.

10. Ohne Fleiß kein Preis.
a) Es ist nicht alle Tage Sonntag.
b) Wer Heu machen will, wartet, bis die Sonne scheint.
c) Wie man den Acker bestellt, so trägt er.
d) Man lebt nicht immer im Schlaraffenland.

11. Überdruss kommt auch von Überfluss.
a) Übereilen bedeutet manchmal Verweilen.
b) Glück ist wie der Wind, es kommt und geht geschwind.
c) Mach den Bissen nicht größer als das Maul.
d) Nichts ist schwerer zu ertragen als eine Reihe von guten Tagen.

3. Wortanalogien

Es werden drei Wörter vorgegeben, bei denen zwischen dem ersten und dem zweiten eine gewisse Beziehung besteht. Aufgabe ist es, zwischen dem dritten und einem einzigen passenden Lösungswort eine ähnliche Beziehung herzustellen.

1. Beispiel:

Dach verhält sich zu Keller wie Decke zu ...

a) Teppich c) Wand
b) Leuchter d) Boden

Lösung: d (Dach verhält sich zu Keller wie Decke zu Boden.)

2. Beispiel:

Faulheit verhält sich zu Fleiß wie Tapferkeit zu ...

a) Mut c) Kühnheit
b) Feigheit d) Treue

Lösung: b (Faulheit verhält sich zu Fleiß wie Tapferkeit zu Feigheit.)

Für 29 Aufgaben haben Sie 10 Minuten Zeit.

1. Nichts verhält sich zu alles wie leer zu ...
a) schwer c) halb voll
b) hohl d) gefüllt

2. Ernst (verhält sich zu) heiter (wie) weinen (zu) ...
a) beweinen c) lachen
b) trauern d) witzeln

3. Bild – Rahmen / Buch – ...
a) Buchrücken c) Buchinhalt
b) Bücherbrett d) Bucheinband

4. gehen – laufen / Wind – ...
a) blasen c) Wetter
b) Sturm d) pfeifen

5. Eingang – Tür / Flasche – ...
a) Hals c) Korkenzieher
b) Bier d) Korken

6. Notwendigkeit – Luxus / Stuhl – ...
a) Bar c) Tisch
b) Hocker d) Sessel

7. gehen – schlendern / sprechen – ...
a) lallen c) schwafeln
b) plaudern d) stottern

8. Stoffwechsel – Natur / Verbrennung – ...
a) Maschine c) Motor
b) Kraft d) Antrieb

9. Gerade – Viereck / Kurve – ...
a) Fläche c) Kugel
b) Abbiegung d) Kreis

10. Wind – Sturm / rinnen – ...
a) strömen c) einsickern
b) tröpfeln d) brausen

11. Ton – Melodie / Farbe – ...
a) Brillanz c) Gemälde
b) Kunstobjekt d) Farbkasten

12. Molekül – Atom / Pfund – ...
a) Menge c) Zentner
b) Last d) Gramm

13. Gramm – Gewicht / Stunde – ...
a) Minuten c) Uhr
b) Zeit d) Tag

14. Wasser – Erosion / Alter – ...
a) Jugend c) Falten
b) Kindheit d) Lebenszeit

15. chronisch – akut / dauerhaft – ...
a) ständig c) zeitweilig
b) öfter d) langwierig

16. Flut – Damm / Regen – ...
a) Tropfen c Wasser
b) Schirm d) feucht

17. liberal – radikal / gemäßigt – ...
a) gleichgültig c) extrem
b) verständnisvoll d) engagiert

18. Seite – Buch / Satz – ...

a) Wörter
b) Buchstaben
c) Kapitel
d) Inhalt

19. Zunge – sauer / Nase – ...

a) salzig
b) brenzlig
c) kosten
d) schmecken

20. Haus – Treppe / Fluss – ...

a) Schiff
b) Wasser
c) Ufer
d) Schleuse

21. Ziffer – Buchstabe / Zahl – ...

a) Wort
b) Satz
c) Summe
d) Rechnung

22. schneiden – kleben / Trennung – ...

a) Spaltung
b) Verbindung
c) Teilung
d) Lösung

23. Verlangen – Gier / Wachstum – ...

a) Sprießen
b) Entwicklung
c) Wucherung
d) Vergrößerung

24. Töne – Musik / Wörter – ...

a) Stimmen
b) Sprache
c) Klänge
d) Ausdruck

25. Freude – Erfolg / Müdigkeit – ...

a) Arbeit
b) Pause
c) Reise
d) Traum

26. Diät – Gewicht / Medikament – ...

a) Arzt
b) Rezept
c) Gesundung
d) Krankheit

27. Zorn – Affekt / Trauer – ...

a) Begeisterung
b) Verärgerung
c) Stimmung
d) Verzweiflung

28. Zahlen – Werte / Wörter – ...

a) Sprachen
b) Bedeutungen
c) Sätze
d) Klänge

29. Porträt – Karikatur / schildern – ...

a) deuten
b) Kritik
c) beleidigen
d) übertreiben

Bei den folgenden Sätzen fehlt das Anfangs- und Endwort. Die Sätze sind aus den vorhandenen Lösungsmöglichkeiten so zu ergänzen, dass sie einen Sinn erhalten.

Beispiel:

... verhält sich zu Blindheit wie Ohr zu ...

a) Auge — 1 hören
b) Sehfähigkeit — 2 Gehör
c) Brille — 3 Taubheit
d) Blindenhund — 4 Schwerhörigkeit

Lösung: a3 (Auge verhält sich zu Blindheit wie Ohr zu Taubheit.)

Für 4 Aufgaben haben Sie 2 Minuten Zeit.

30. ... verhält sich zu Länge wie Gramm zu ...

a) Entfernung — 1 Waage
b) Geschwindigkeit — 2 Gewicht
c) Zentimeter — 3 abwiegen
d) Abstand — 4 Kilo

31. ... verhält sich zu niemand wie alles zu ...

a) manche — 1 mehr
b) jeder — 2 immer
c) viele — 3 nichts
d) einige — 4 nie

32. ... verhält sich zu Kreis wie Würfel zu ...

a) Kegel — 1 Quadrat
b) rund — 2 sechs
c) Kugel — 3 Rechteck
d) Kuppel — 4 Rhombus

33. ... verhält sich zu Herz wie Takt zu ...

a) Pumpe — 1 Dirigent
b) Pulsschlag — 2 Komposition
c) Gesundheit — 3 Musik
d) Leben — 4 Musiker

Lesehinweise

- Testtraining Logik
- Testtraining 2000plus
- 1 x 1 Logik-Tests

4. Unmöglichkeiten

Vier Behauptungen werden aufgestellt. Drei davon sind richtig und eine ist falsch. Oder: Drei davon sind falsch, und nur eine ist richtig. Aufgabe ist es, die eine falsche oder die eine richtige Behauptung herauszufinden.

1. Beispiel:

Es ist völlig unmöglich, dass ein Huhn ...
a) gackert
b) Eier legt
c) Milch gibt
d) Körner pickt

Welche der Behauptungen ist entweder als einzige richtig oder als einzige falsch? Lösung: c (Als einzige falsch ist c, alle anderen Aussagen sind richtig.)

2. Beispiel:

Es ist völlig unmöglich, dass ein Zebra ...
a) kleiner ist als ein Pferd
b) kariert gemustert ist
c) in einem Stall lebt
d) als Reittier dient

Lösung: b (Als einzige Behauptung ist hier b richtig, alle anderen Aussagen sind falsch. Es ist ja nicht unmöglich, dass ein Zebra kleiner ist als ein Pferd usw.)

Für 18 Aufgaben haben Sie 10 Minuten Zeit.

1. Es ist völlig unmöglich, dass ein Mensch ...
a) keinen Vater hat
b) keine Mutter hat
c) ewig lebt
d) keine Kinder hat

2. Es ist völlig unmöglich, dass man durch einen Lottogewinn ...
a) Millionär wird
b) ewige Gesundheit erwirbt
c) wie ein Vogel fliegen lernen kann
d) immer lebt

3. Es ist völlig unmöglich, dass bei starkem Westwind ...
a) sich das Wetter ändert
b) Rauchschwaden nach Westen abziehen
c) eine dunkle Wolkenbildung erfolgt
d) Niederschläge erfolgen

4. Es ist völlig unmöglich, dass ein Sohn ...
a) klüger ist als sein Vater
b) jünger ist als sein Vater
c) größer ist als sein Vater
d) älter ist als sein Vater

5. Es ist völlig unmöglich, dass eine Mutter ...
a) den gleichen Vornamen hat wie ihre Tochter
b) älter ist als ihre Tochter
c) jünger ist als ihre Tochter
d) hübscher ist als ihre Tochter

6. Es ist völlig unmöglich, dass ein Kind ...
a) eine andere Hautfarbe hat als die Eltern
b) klüger ist als seine Eltern
c) älter ist als seine Eltern
d) eine andere Sprache spricht als die Eltern

7. Es ist völlig unmöglich, Flüssigkeiten ...
a) zu färben
b) verdampfen zu lassen
c) in einem Sieb zu transportieren
d) kristallisieren zu lassen

8. Es ist völlig unmöglich, dass eine Sackgasse ...
a) vor einem Wald endet
b) länger als 2000 Meter ist
c) durchfahren werden kann
d) mit Steinen gepflastert ist

9. Es ist völlig unmöglich, Arbeiten zu verrichten ohne ...
a) Ausdauer
b) Unterstützung
c) Anweisungen
d) Kraftaufwand

10. Es ist völlig unmöglich, dass Schall sich ausbreitet ...

a) in Gasen
b) in geschlossenen Räumen
c) in luftleeren Räumen
d) in Flüssigkeiten

11. Die Summe zweier positiver Zahlen ist unmöglich ...

a) gleich 0
b) durch 7 teilbar
c) kleiner als 2
d) größer als 2.000.000

12. Bei Gegenverkehr ist es wirklich unmöglich, dass ...

a) einem LKWs entgegenkommen
b) man selbst überholt wird
c) Autos am Straßenrand parken
d) Kraftfahrzeuge nur in eine Richtung fahren

13. Auf dem Lande kann ein Fisch unmöglich leben, weil er ...

a) an der Luft austrocknen würde
b) nur Flossen hat
c) nur Kiemen besitzt
d) das Wasser liebt

14. Ein Atomkraftwerk kann unmöglich ...

a) einen Unfall haben
b) abgestellt werden
c) billigen Strom produzieren
d) ohne Sicherheitsvorkehrungen auskommen

15. Elektrischer Strom kann auf keinen Fall ...

a) gefährlich sein
b) in Gas umgewandelt werden
c) in Wärme umgewandelt werden
d) in kinetische Energie umgewandelt werden

16. In Afrika ist es völlig unmöglich, ...

a) Jaguare zu jagen
b) Ski zu fahren
c) Orangen zu pflücken
d) den längsten Fluss der Erde zu finden

17. Unter keinen Umständen kann man in der Antarktis ...

a) Pinguine antreffen
b) russische Forscher antreffen
c) Eisbären antreffen
d) amerikanische Forscher antreffen

18. In einem handelsüblichen Kühlschrank ist es unmöglich, ...

a) Rum gefrieren zu lassen
b) Nahrung zu gefrieren
c) Eis schmelzen zu lassen
d) Eis herzustellen

Lesehinweise

- Testtraining 2000plus
- 1 x 1 Logik-Tests

5. Logisches Denken

Beantworten Sie die folgenden Fragen unter Berücksichtigung der Informationen, die Sie bekommen. Es kann auch vorkommen, dass keine eindeutige Aussage möglich ist.

Beispiel:

Welche Lampe ist die hellste?
Lampe A ist dunkler als Lampe B
B ist heller als C
C ist gleich hell wie D
B ist heller als D
D ist heller als A

Lösung: B

Für 8 Aufgaben haben Sie 5 Minuten Zeit.

1. **Wer ist der Klügste?**
   C ist klüger als A
   A ist dümmer als B
   C ist dümmer als B

2. **Wer ist der Stärkste?**
   J ist stärker als C
   F ist schwächer als R
   R ist schwächer als C

3. **Was ist die hellste Farbe?**
   Weiß ist heller als Gelb
   Schwarz ist heller als Gelb
   Blau ist dunkler als Schwarz
   Weiß ist heller als Blau
   Grau ist dunkler als Blau

4. **Wer ist der Größte?**
   D ist größer als A
   C ist kleiner als B
   F ist größer als E
   G ist kleiner als B
   D ist genauso groß wie B

5. **Welches Auto ist am langsamsten?**
   Das Auto C ist schneller als das Auto A
   B ist langsamer als K
   A ist langsamer als C
   C ist genauso schnell wie B

6. **Wer ist am klügsten und schönsten?**
   Karl ist klug, aber nicht schön.
   Alfred ist klüger und schöner als Detlef.
   Bernd ist genauso klug wie Detlef, aber nicht schöner als Fred.
   Fred ist fast so schön wie Alfred.
   Detlef ist weniger schön als Fred.
   Hans ist nicht so klug wie Karl, aber etwas klüger als Detlef.

7. **Wer ist am wenigsten erfolgreich?**
   Anja ist erfolgreich, Kathrin auch.
   Angela ist erfolgreicher als beide.
   Bärbel ist nicht erfolgreicher als Angela, aber erfolgreicher als Anja.
   Dagmar ist nicht so erfolgreich wie Kathrin.
   Marion ist fast am erfolgreichsten, wenn da nicht Angela wäre.
   Kathrin ist ebenso erfolgreich wie Anja.

8. **Wer von den Damen aus Aufgabe 7 belegt Platz 3?**

Jetzt geht es darum, zu überprüfen, ob Schlussfolgerungen, die aufgrund bestimmter Behauptungen gezogen werden, formal richtig oder falsch sind. Die »reale Wirklichkeit« spielt dabei überhaupt keine Rolle, was die Sache erschwert und – wie so oft in Tests – Verwirrung stiftet.

Beispiele:

Behauptungen: Alle Häuser sind Fische.
Alle Fische sind Katzen.
Schlussfolgerung: Deshalb sind alle Häuser Katzen.
a) stimmt b) stimmt nicht

Lösung: a

Alle Häuser sind Fische. Alle Fische sind Katzen.
Deshalb sind alle Katzen Häuser.
a) stimmt b) stimmt nicht

Lösung: b

Für 12 Aufgaben haben Sie 10 Minuten Zeit.

9. Einige Bäume sind Hunde.
Alle Hunde lieben Ameisen.
Also lieben alle Bäume Ameisen.
a) stimmt b) stimmt nicht

10. Alle Katzen können fliegen.
Alle Reißzwecken sind Katzen.
Also können alle Reißzwecken fliegen.
a) stimmt b) stimmt nicht

11. Einige Krokodile sind Lokomotiven.
Einige Lokomotiven spielen Karten.
Also spielen einige Krokodile Karten.
a) stimmt b) stimmt nicht

12. Keine zwei Baumarten sehen gleich aus. Tannen und Eichen sehen genau gleich aus. Also sind Tannen und Eichen nicht zwei Baumarten.
a) stimmt b) stimmt nicht

13. Niemand mit toter Hose kann Barmixer sein.
Alle Ameisen haben tote Hosen.
Also kann keine Ameise Barmixer sein.
a) stimmt b) stimmt nicht

14. Alle Geier sind Kunstsammler. Manche Kunstsammler sitzen in Käfigen.
Also sitzen manche Geier in Käfigen.
a) stimmt b) stimmt nicht

Welche der jeweils angegebenen Folgerungen a–e sind richtig? Es können auch mehrere Lösungen richtig sein oder überhaupt keine.

15. Nur schlechte Menschen betrügen oder stehlen.
Elfriede ist gut.
a) Elfriede betrügt.
b) Elfriede stiehlt.
c) Elfriede stiehlt nicht.
d) Elfriede betrügt und stiehlt.
e) Elfriede betrügt nicht.

16. Alle Flugzeuge können nicht fliegen.
Alle Flugzeuge haben Beine.
a) Flugzeuge ohne Beine können fliegen.
b) Manche Flugzeuge haben keine Beine.
c) Alle Flugzeuge, die Beine haben, können nicht fliegen.
d) Flugzeuge können nicht fliegen, weil sie Beine haben.
e) Flugzeuge haben Beine und können nicht fliegen.

17. Manche Menschen sind Europäer.
Europäer haben drei Beine.
a) Manche Menschen haben drei Beine.
b) Europäer, die Menschen sind, haben manchmal drei Beine.
c) Menschen mit zwei Beinen sind keine Europäer.
d) Europäer sind Menschen mit drei Beinen.
e) Europäer mit zwei Beinen sind manchmal Menschen.

18. Affen sind grüne Schachteln.
Affen trinken Schnaps.
a) Alle grünen Schachteln trinken Schnaps.
b) Alle grünen Schachteln sind Affen.
c) Manche grünen Schachteln trinken Schnaps.
d) Affen, die Schnaps trinken, sind grüne Schachteln.
e) Grüne Schachteln sind keine Affen.

19. Jedes Quadrat ist rund.
Alle Quadrate sind rot.
Manche Ecken sind rund.
a) Es gibt Quadrate mit roten Ecken.
b) Es gibt Quadrate mit runden Ecken.
c) Es gibt runde rote Ecken
d) Ecken in Quadraten sind rund und rot.
e) Rote Quadrate haben runde Ecken.

20. Alle Geraden sind gebogen.
Jeder Kreis hat vier Ecken.
Alle Ecken sind Geraden.
a) Jeder Kreis hat vier gebogene Geraden.
b) Alle Geraden sind gebogene Ecken.
c) Es gibt Ecken, die gebogene Geraden sind.
d) Alle Kreise haben vier gebogene Ecken.
e) Manche Geraden sind gebogene Kreise.

Lesehinweise

- Testtraining Logik
- Testtraining 2000plus
- 1 x 1 Logik-Tests

6. Buchstabenreihen

Vier Buchstabengruppen werden vorgegeben. Wie sieht die fünfte Buchstabengruppe aus, damit sie die Reihe logisch sinnvoll fortsetzt?

1. Beispiel:

AAAA BBBB CCCC DDDD ....

Lösung: EEEE

2. Beispiel:

ABCV BCDW CDEX DEFY ....

Lösung: EFGZ

Für 9 Aufgaben haben Sie 10 Minuten Zeit.

Teil A

1. CCBB FFEE IIHH LLKK ....

2. NNON AABA PPQP CCDC ....

3. ACEG BDFH CEGI DFHJ ....

4. IMMJ JNNI LOOM MPPL ....

5. DCBA HGFE LKJI PONM ....

6. ABDE CDFG EFHI GHJK ....

7. SSTS RRSR QQRQ PPQP ....

8. LNMO QSRT VXWY ACBD ....

9. FEDC EDCB KJIH JIHG ....

Welche zwei Buchstaben ergänzen die folgenden Buchstabenreihen jeweils sinnvoll?

Für 5 Aufgaben haben Sie 5 Minuten Zeit.

Teil B

1. a b c d e f g h i j ....

2. c e g i k m o q s u ....

3. x a y b z c a d b e ....

4. c d e e d c f g h h ....

5. i x k v m t o r q p ....

Lesehinweis

- **Siehe auch Zahlenreihen in diesem Buch auf Seite 59**

7. Grafische Aufgaben zum logischen Denken

Nun erfolgt die Überprüfung Ihres logischen Denkvermögens in Form von grafischen Aufgaben, wie sie in Intelligenztests häufig vorkommen.

A Figurenreihen fortsetzen

Mit welcher Auswahlfigur unten (a, b, c, d oder e) kann man die Figurenreihe oben richtig fortsetzen?

Beispiel:

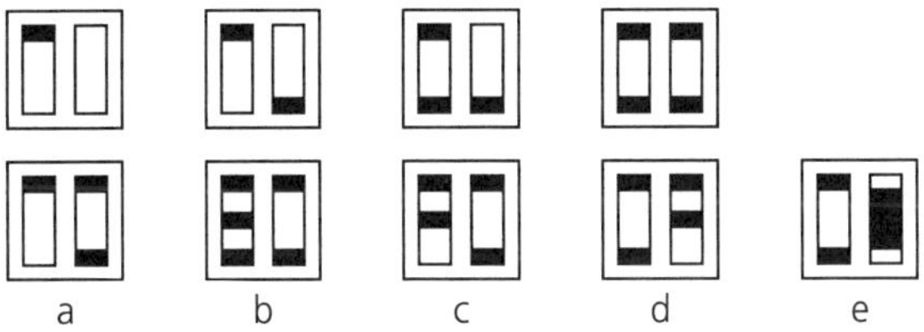

Lösung: b (Hier werden in die Rechtecke schwarze Balken eingefügt. Erst in das linke oben, dann in das rechte unten, dann in das linke unten und im vierten Bild rechts oben. Die Fortsetzung kann nur wie bei Lösungsvorschlag b erfolgen.)

Für 7 Aufgaben haben Sie 5 Minuten Zeit.

1.

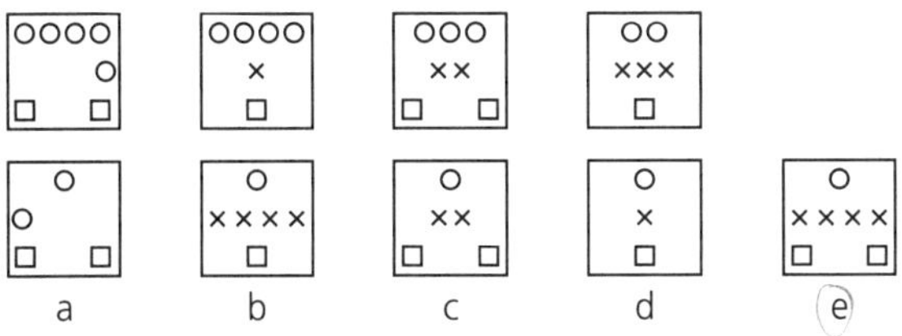

2.

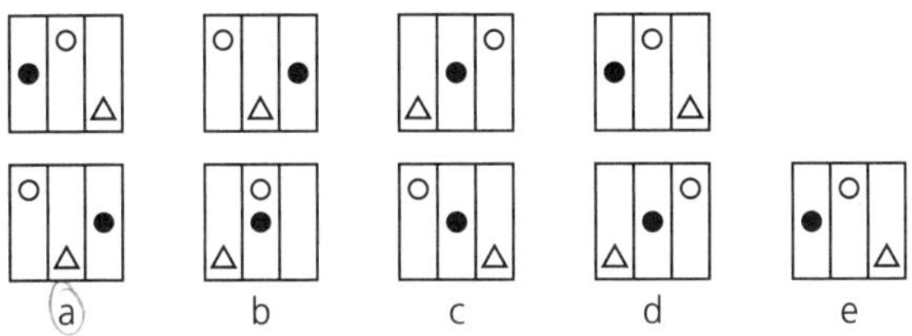

3.

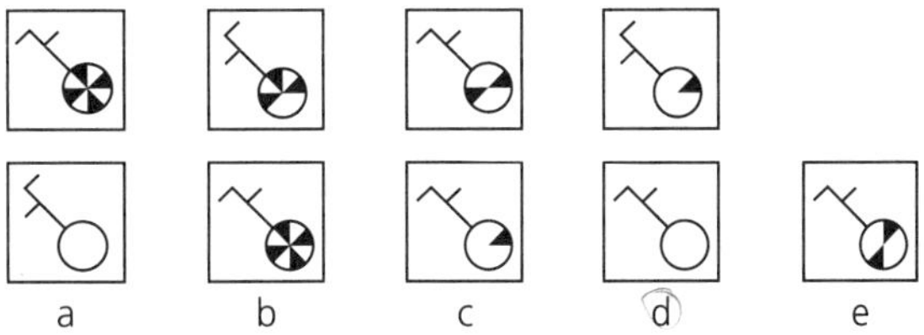

4.

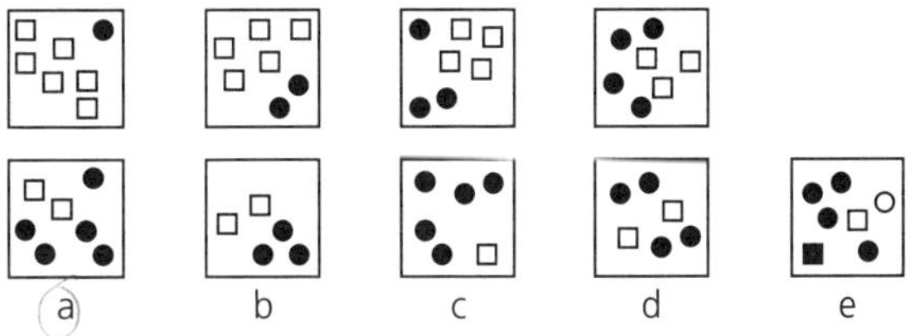

5.

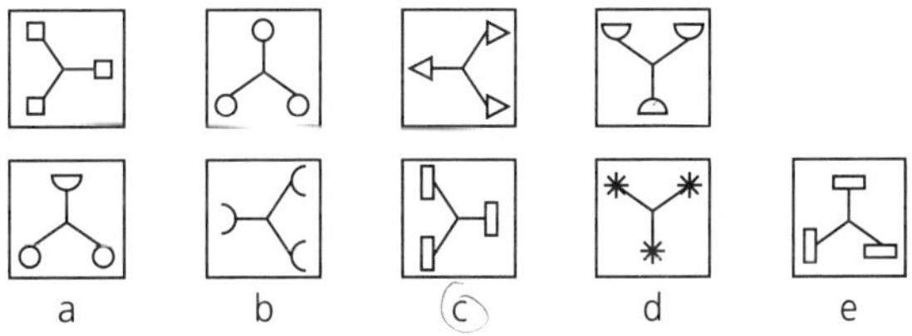

6.

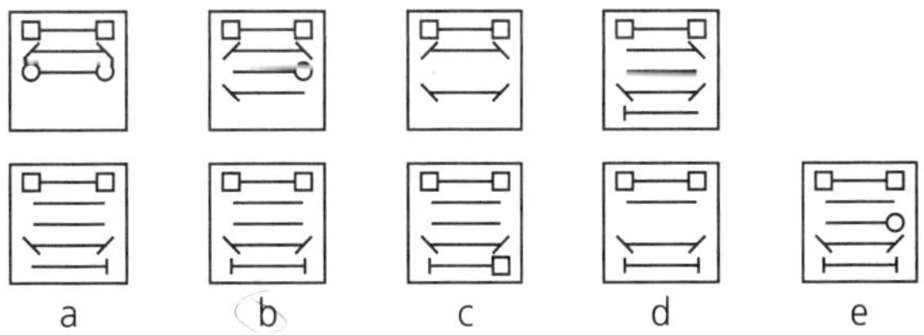

7.

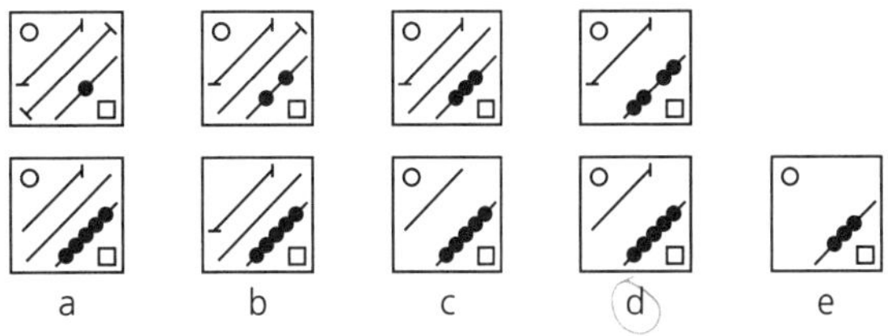

B Sinnvoll ergänzen

Sie sehen ein Rechteck mit zwei mal neun Feldern. In der linken Hälfte die Aufgabe, in der rechten Hälfte die Lösungsvorschläge. In der linken Hälfte: 8 Symbole sind eingezeichnet, ein Feld ist frei und soll von Ihnen mit dem einzig richtigen Symbol aus den Lösungsvorschlägen a–h ergänzt werden.

Also: Welches Symbol a–h passt als einziges in das neunte freie Feld auf der linken Seite und ergänzt die anderen sinnvoll/logisch? Sollte kein Lösungsvorschlag zutreffen, ist i anzukreuzen.

Beispiel:

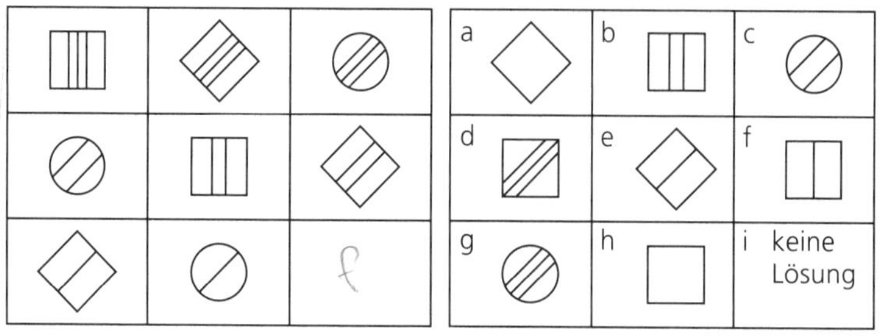

Lösung: f

Für 5 Aufgaben haben Sie 10 Minuten Zeit.

1.

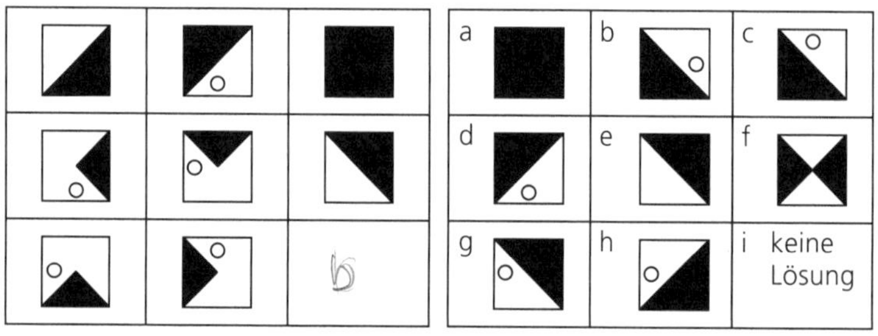

2.

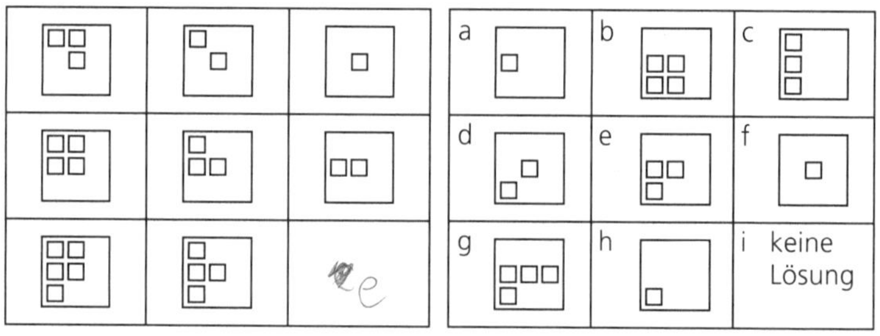

3.

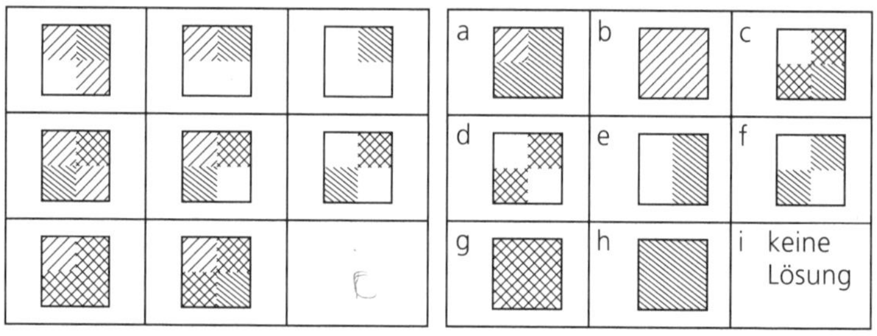

4.

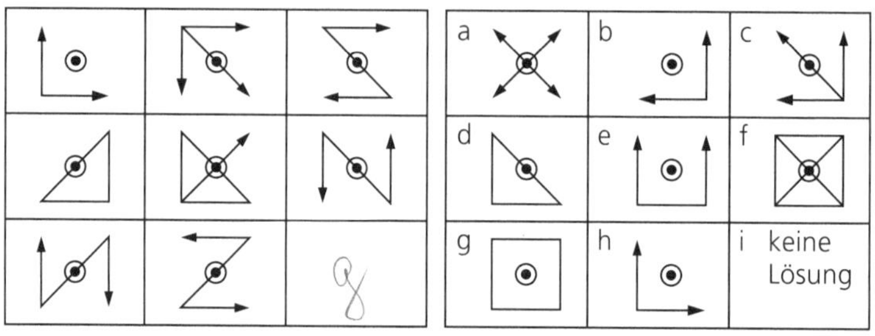

5.

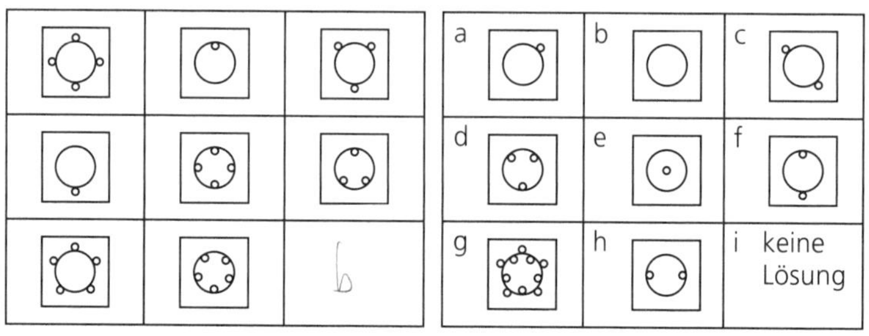

C Zugehörigkeiten identifizieren

Bei diesem Test bekommen Sie zwei Gruppen, A und B, vorgestellt, sowie fünf Auswahlbilder. Sie sollen nun die jeweilige Gemeinsamkeit der Gruppe A und der Gruppe B herausfinden und dann die 5 Auswahlbilder den jeweiligen Gruppen zuordnen.

1. Beispiel: Gruppe A

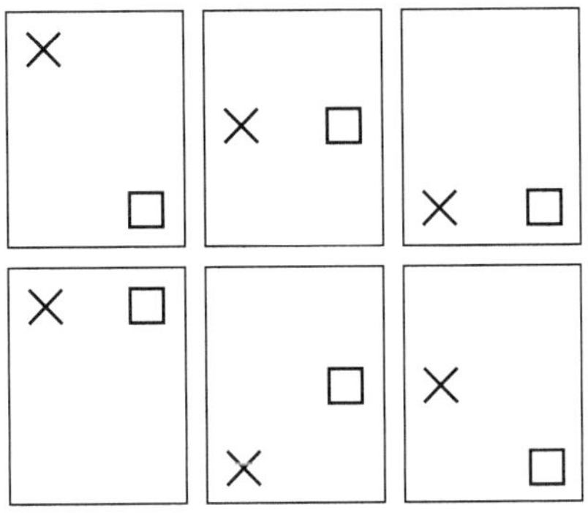

Gruppe B

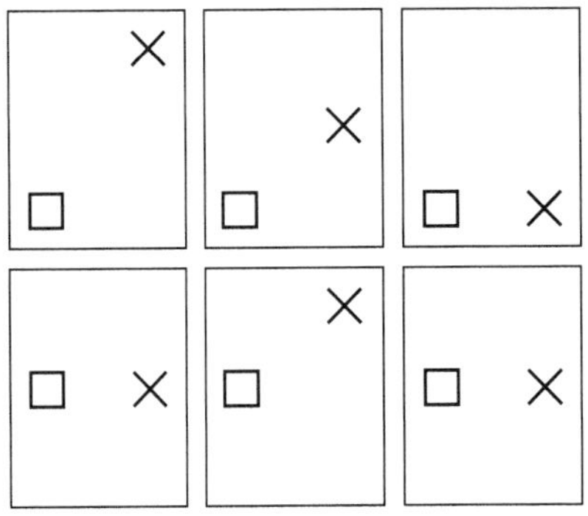

Auswahlbilder:

1.

Gruppe: ___

2.
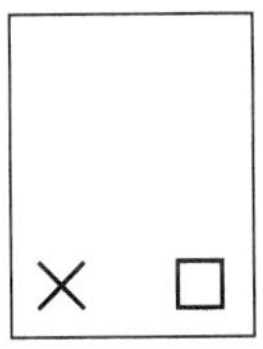
Gruppe: ___

3.
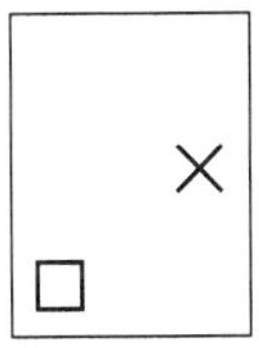
Gruppe: ___

4.
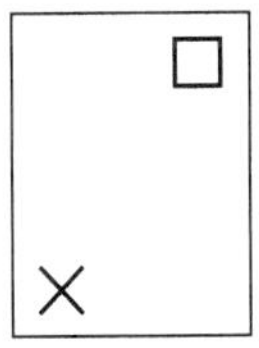
Gruppe: ___

5.
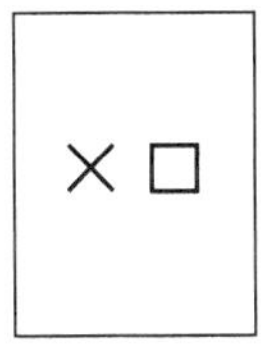
Gruppe: ___

Welches der 5 Auswahlbilder gehört in Gruppe A, welches in Gruppe B?

Lösung: 1A, 2A, 3B, 4A, 5A (In Gruppe A steht das X immer links vom Quadrat, in Gruppe B immer rechts.)

2. Beispiel: Gruppe A

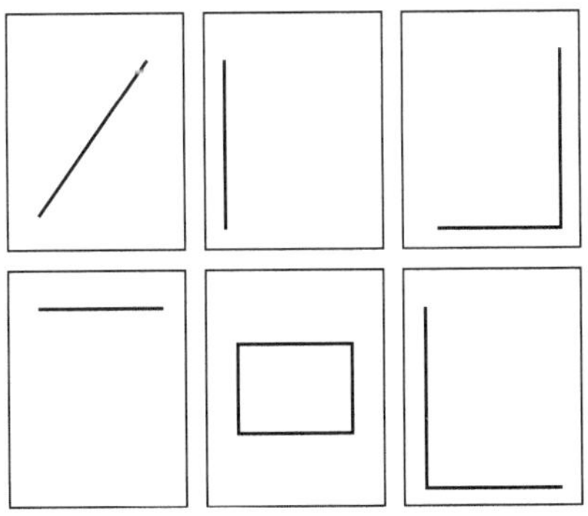

Gruppe B

Auswahlbilder:

1.
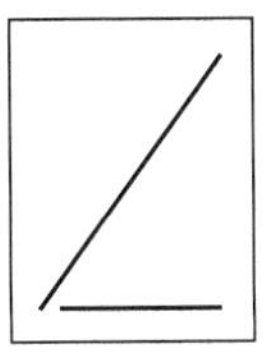
Gruppe: ___

2.
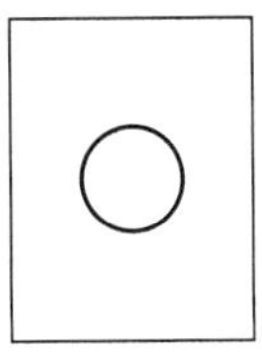
Gruppe: ___

3.
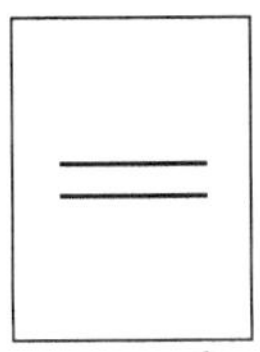
Gruppe: ___

4.
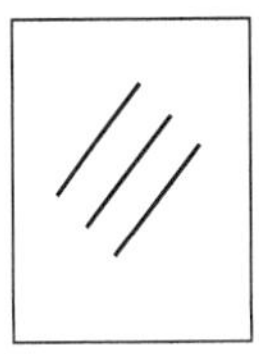
Gruppe: ___

5.
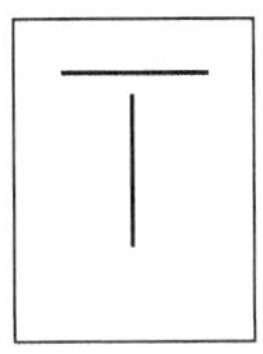
Gruppe: ___

Welches der 5 Auswahlbilder gehört in Gruppe A, welches in Gruppe B?

Lösung: 1B, 2A, 3B, 4B, 5B (In Gruppe A gibt es immer nur eine Linie, in Gruppe B zwei oder mehr.)

Für 3 Aufgaben haben Sie 5 Minuten Zeit.

1. Gruppe A

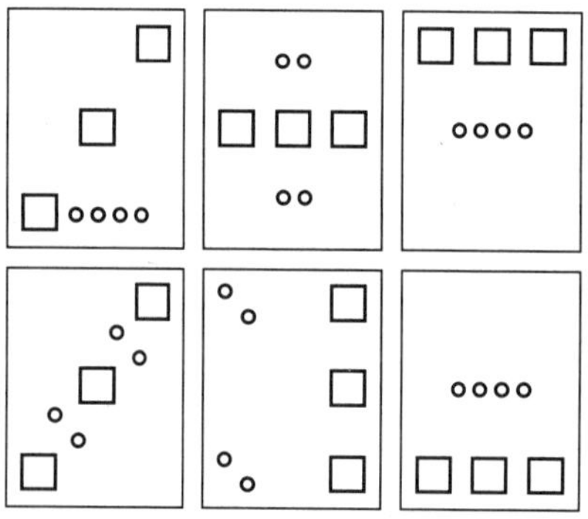

Gruppe B

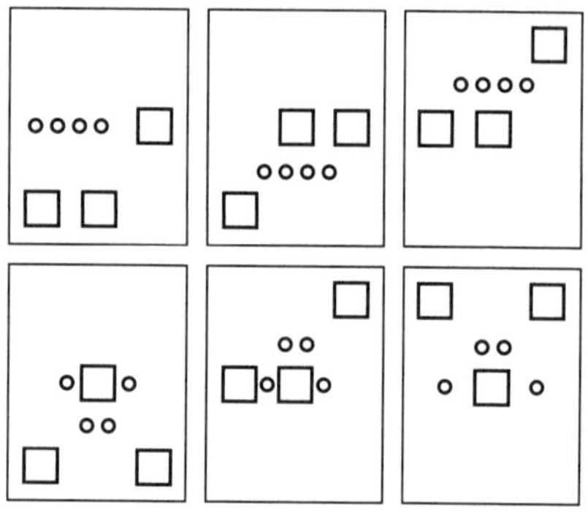

Auswahlbilder:

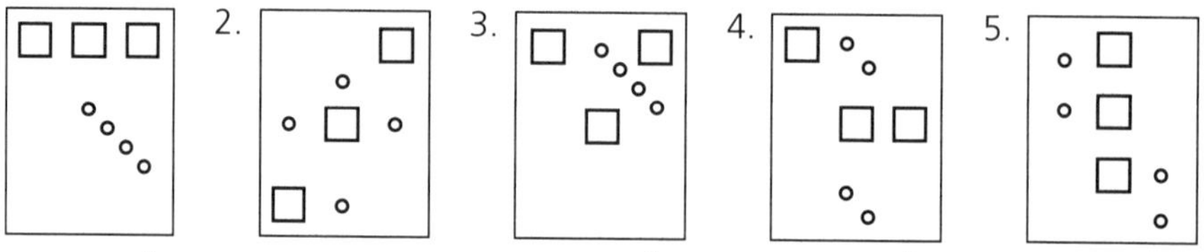

1. Gruppe: A
2. Gruppe: A
3. Gruppe: B
4. Gruppe: B
5. Gruppe: A

2. Gruppe A

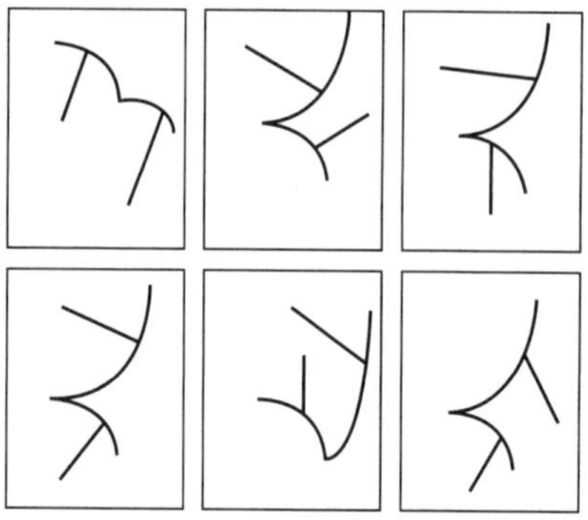

Gruppe B

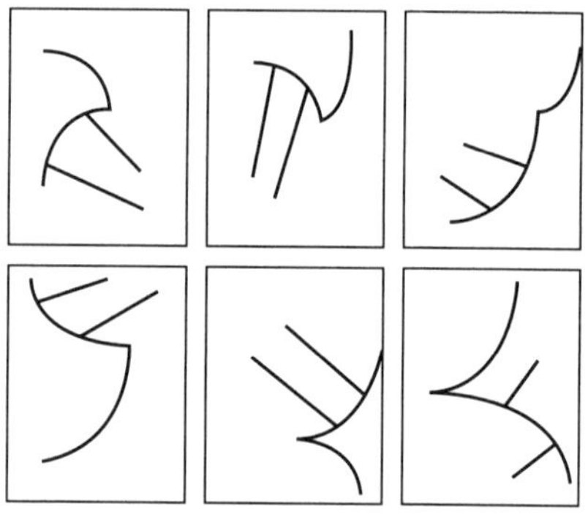

Auswahlbilder:

1. Gruppe: A
2. Gruppe: B
3. Gruppe: B
4. Gruppe: A
5. Gruppe: A

3. Gruppe A

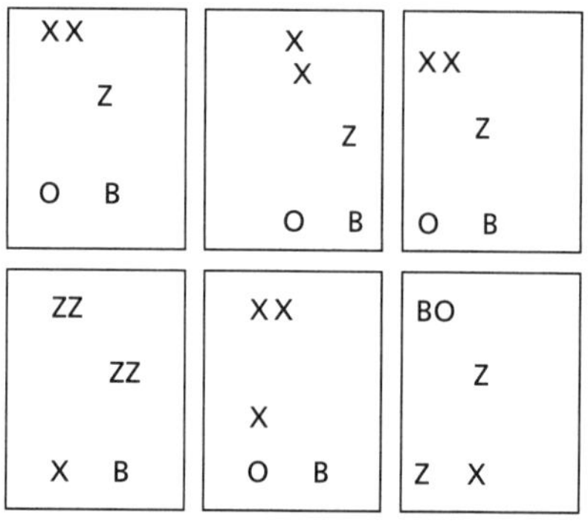

Gruppe B

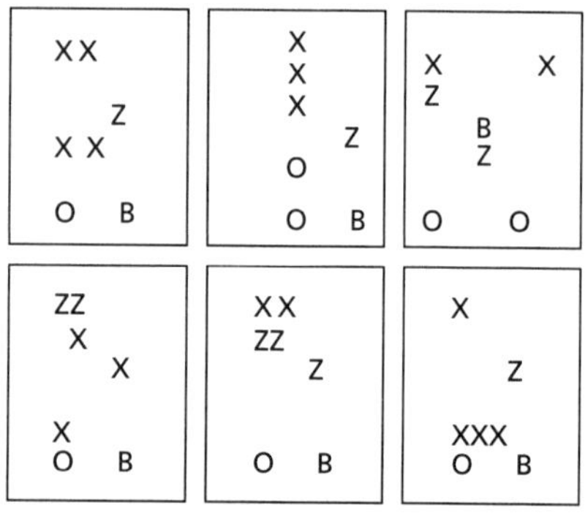

Auswahlbilder:

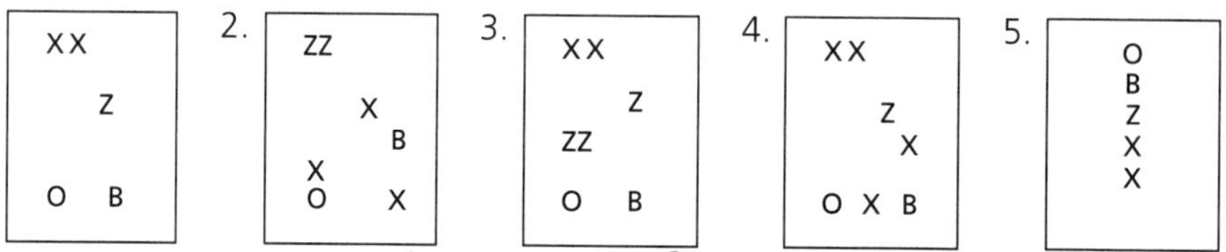

1. Gruppe: A
2. Gruppe: B
3. Gruppe: B
4. Gruppe: B
5. Gruppe: A

D Dominos

Welcher Dominostein aus der rechten Lösungsgruppe passt in die linke Dominogruppe? Gesucht wird der Stein, der durch seine Punktzahl oben und unten die linke Dominogruppe logisch sinnvoll ergänzt.

1. Beispiel:

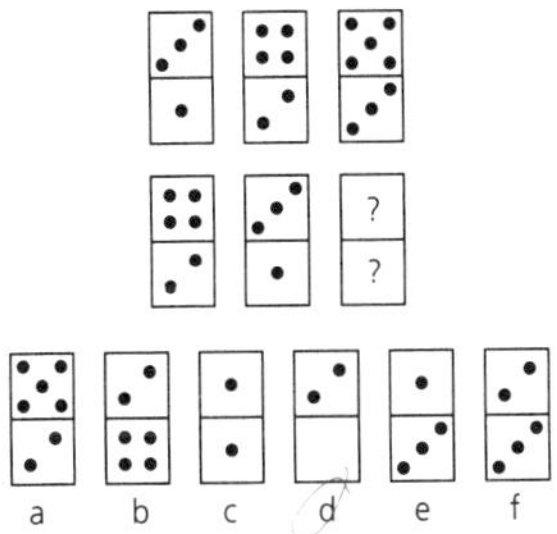

Lösung: d (Die erste Reihe Dominosteine baut sich im oberen (3–4–5 Punkte) wie im unteren Feld (1–2–3 Punkte) nach dem System +1 auf. Der Aufbau der zweiten Reihe Dominosteine ist entsprechend, aber nach dem System –1.)

2. Beispiel:

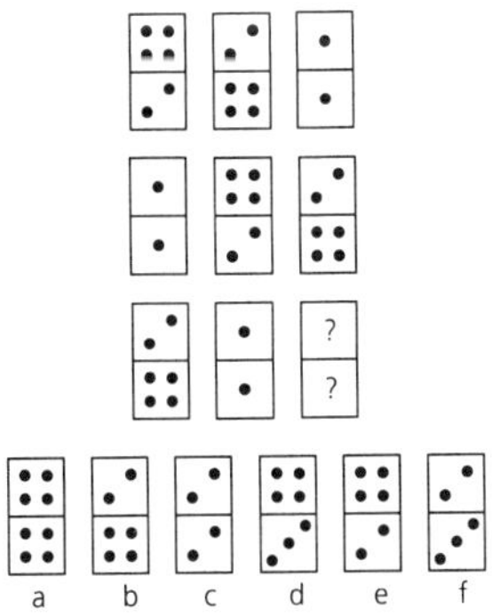

Lösung: e (Jetzt haben wir es mit drei Dominoreihen zu tun, die wir uns anschauen müssen. Auch hier gilt es, ein gemeinsames System festzustellen. Jede Reihe Dominosteine hat die Kombination 4–2, 2–4 (die Umkehrung) und einen 1–1-Stein. Diese Steinkombination wird lediglich unterschiedlich angeordnet. In der ersten Reihe ist der 1–1-Stein in der letzten Position, in der zweiten Reihe in der ersten, in der dritten Reihe in der zweiten Position.)

Für 12 Aufgaben haben Sie 10 Minuten Zeit.

1.

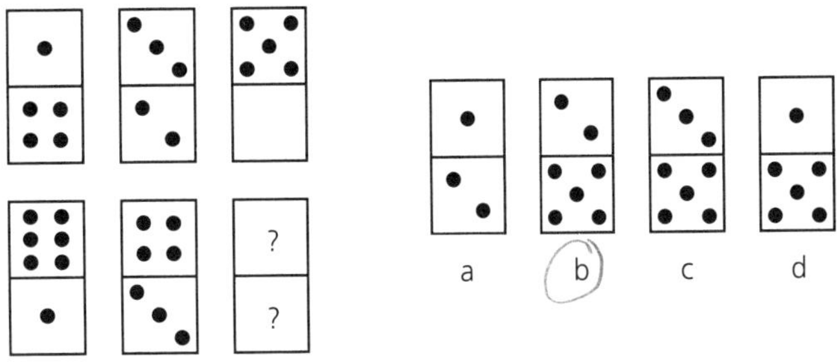

2.

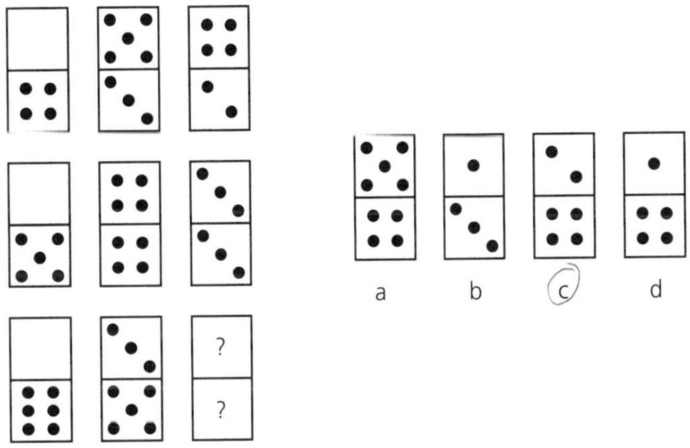

3.

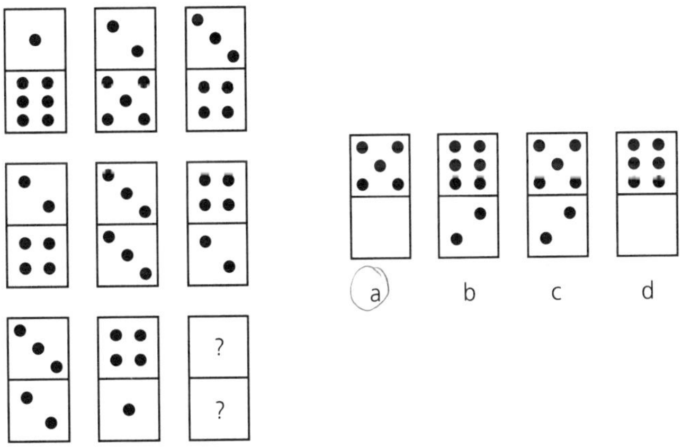

4.

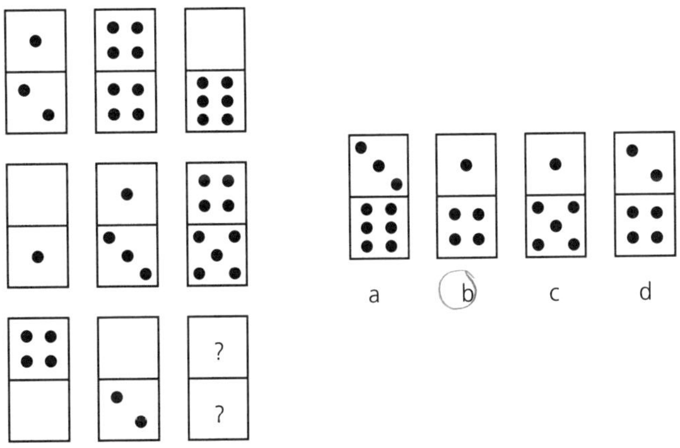

5.

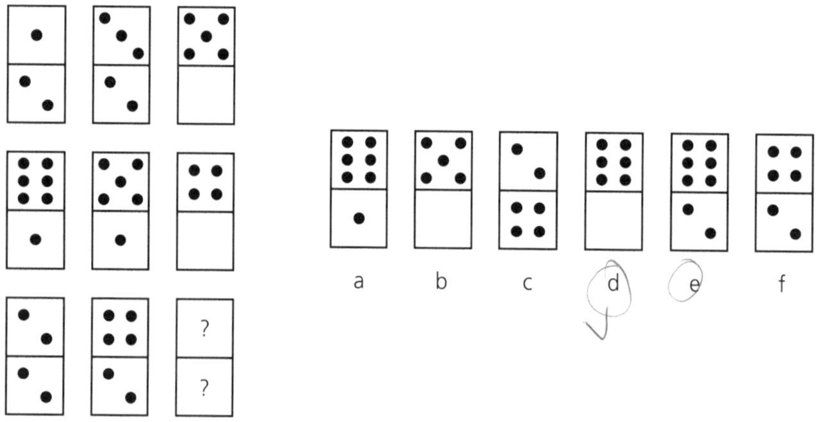

6.

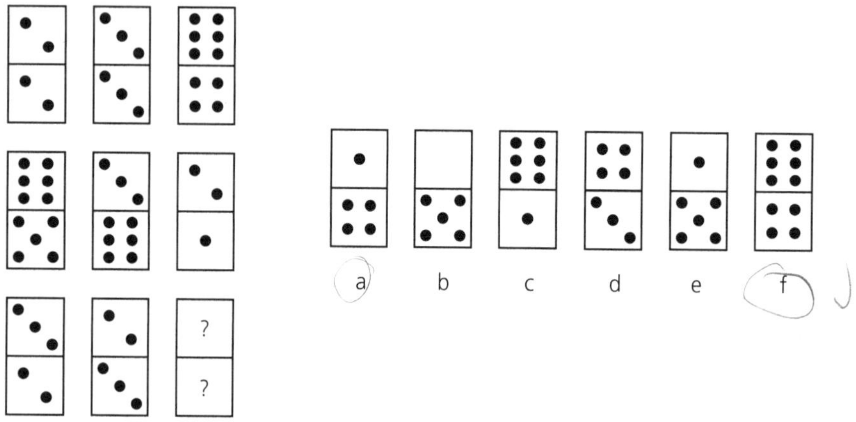

7.

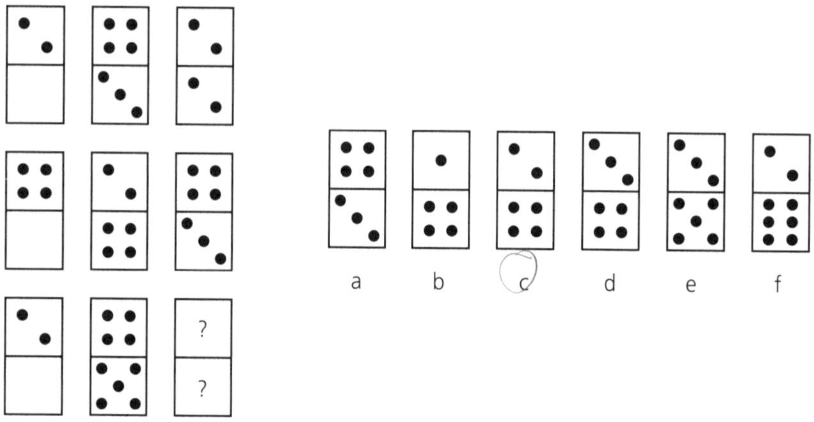

8.

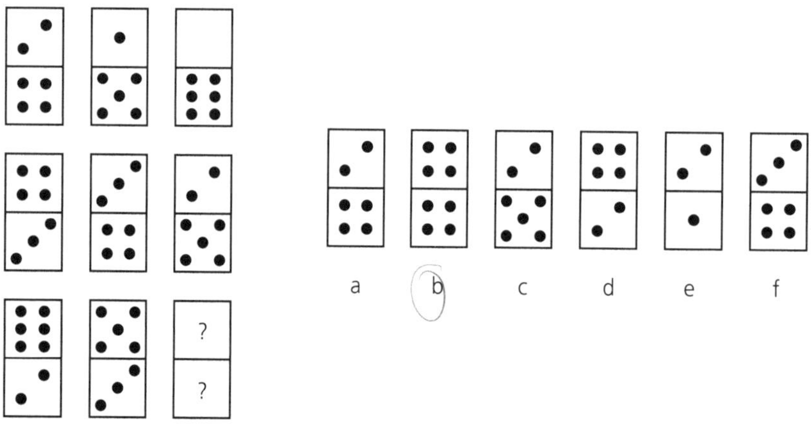

9.

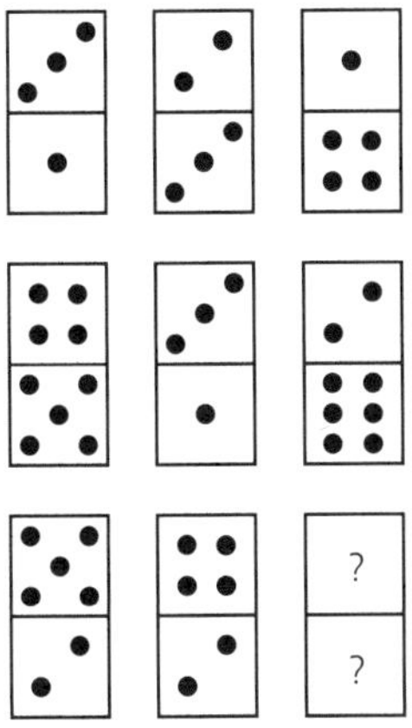

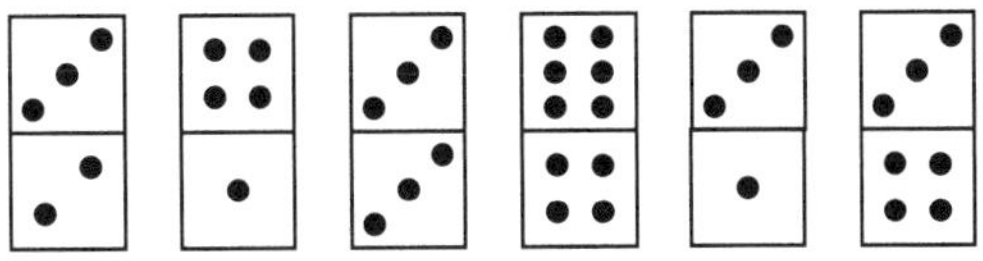

a b c d e f

10.

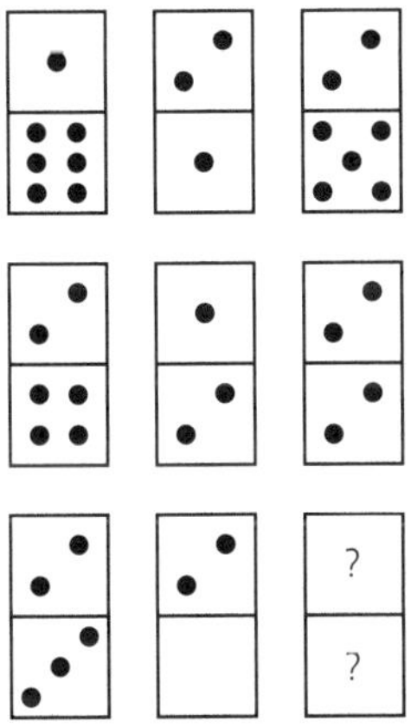

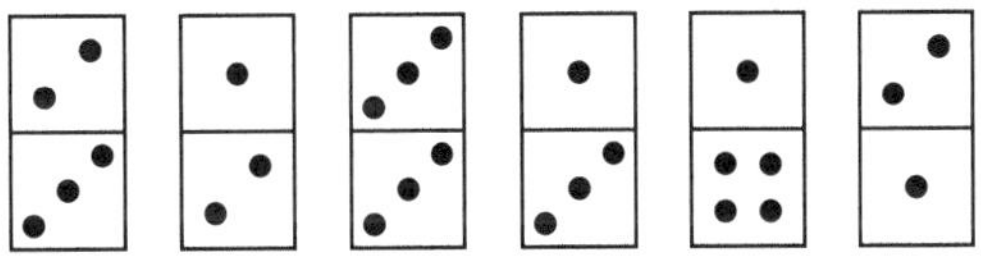

a b c d e f

11.

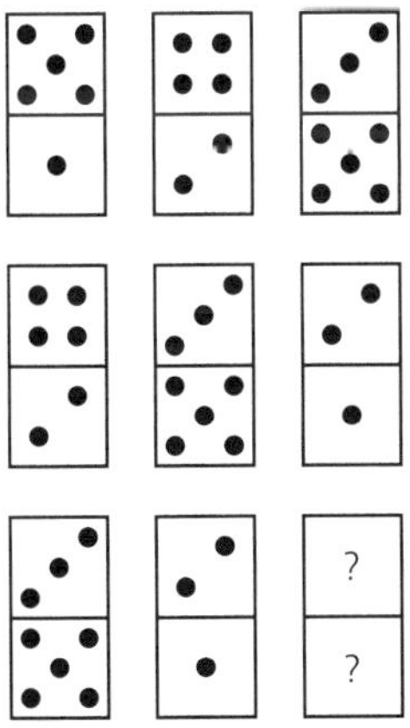

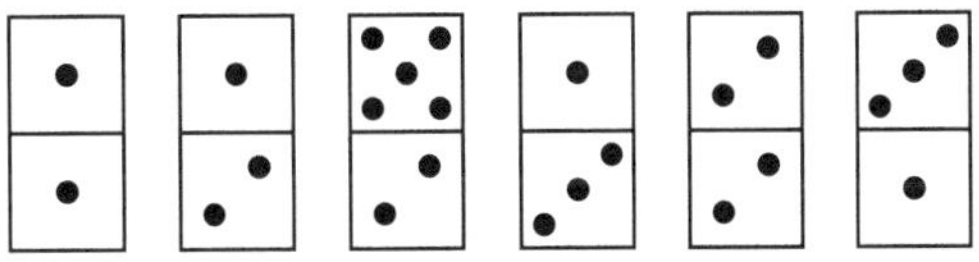

a b c d e f

12.

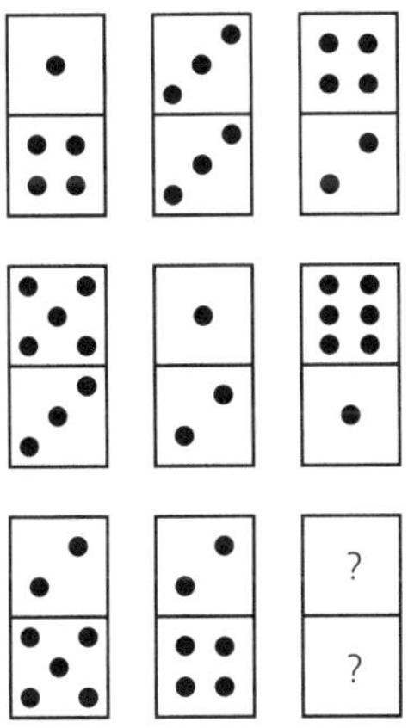

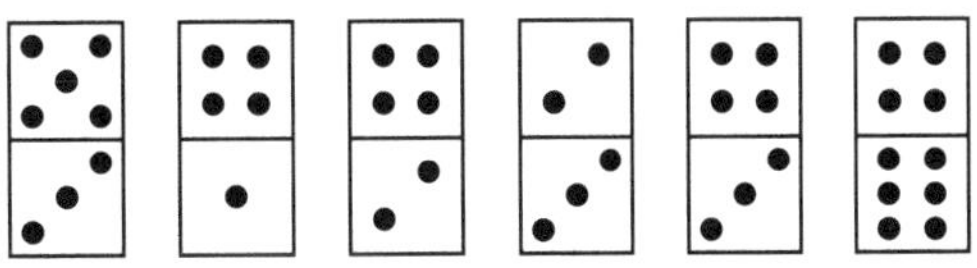

a b c d e f

E Symbolrechnen

Hier werden Zahlen durch bestimmte Symbole ersetzt. Einzelne Symbole entsprechen einer einstelligen Zahl (0–9), zwei nebeneinander stehende Symbole entsprechen einer zweistelligen Zahl (10–99) usw. Die Aufgabe besteht darin, herauszufinden, welche Zahl für ein bestimmtes Symbol eingesetzt werden muss, damit die Aufgabe richtig gelöst werden kann.

1. Beispiel:

○□△ x ⬡ = ○□△

⬡ = 5 6 1 2 7 4

Lösung: 1 (Nur eine Zahl mit 1 multipliziert bleibt gleich.)

2. Beispiel:

○ + ○ + ○ + ○ = □

□ = 6 7 3 8 5 9

Lösung: 8 (Gleichung ist 4 x = y mit x ungleich null, damit x, y natürliche Zahl kleiner 10, also x = 1 (→ y = 4) oder x = 2 (→ y = 8).)

Für 10 Aufgaben haben Sie 8 Minuten Zeit.

1. ⊘ x ⊘ = □⊘

⊘ = 4 1 7 2 5 8

2.

```
  □○
+ □○
-----
  ○△
```

○ = 3 0 5 1 8 6

3.

```
  △△
+ △△
-----
  ▽▽
```

▽ = 5 3 6 1 7 9

---

4. △ x ○ + □ - ⧄ = ⧄

⧄ = 0 ½ 2 4

---

5. (▽○ : □) + ▽ = ⟁▽

▽ = 0 1 3 9 8

6.

```
  ○□△
-   ⊕
------
   ⊕⊕
```

⊕ = 2 6 9 7 5 8

7.

```
  ○□
+ ○□
+ ○□
-----
  ◍□
```

□ = 1 2 3 4 5 6

---

8. ○□ x □ = ▽▽□

▽ = 5 4 7 8 1 2

---

9. △○△ : △△ = △△

△ = 1 6 7 3 5 4

10.

```
  ○○○
+ ○○○
+ ○○○
------
  □□□
```

○ = 9 7 4 5 3 6

---

8. Räumliches Vorstellungsvermögen

A Spiegelbilder

Die folgenden Figuren lassen sich durch Verschieben zur Deckung bringen – bis auf eine, die man davor erst umklappen muss. Um welche Figur handelt es sich?

Beispiel:

A B C D E F

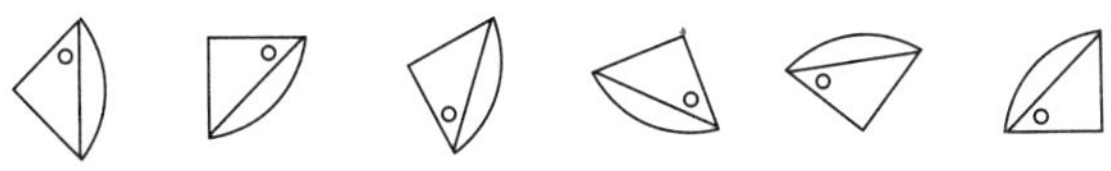

Lösung: C

Für 17 Aufgaben haben Sie 5 Minuten Zeit.

A B C D E F

1.

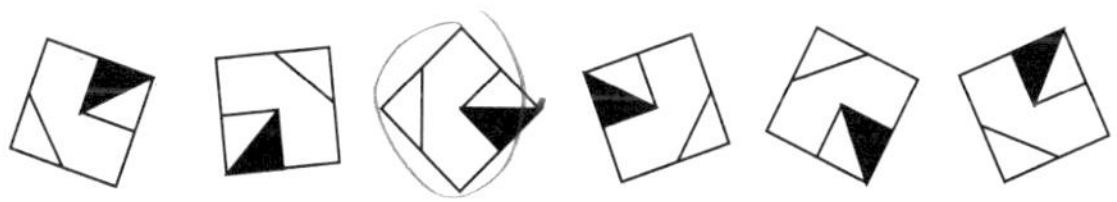

2.

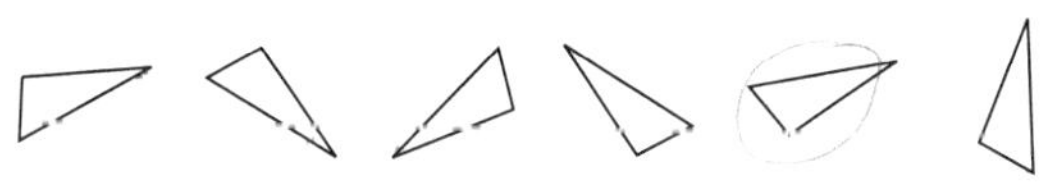

3.

4.

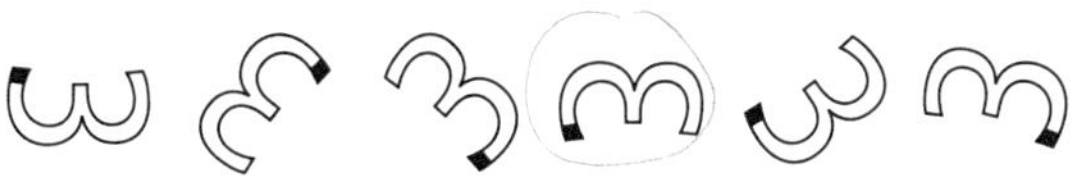

5.

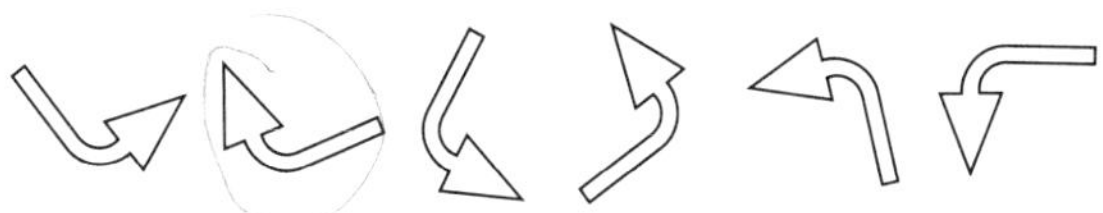

6.

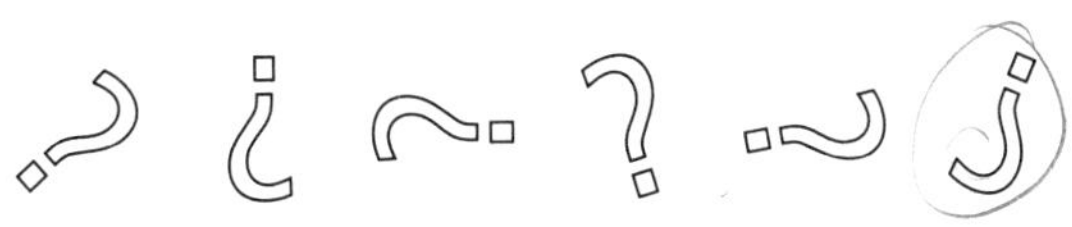

7.

A B C D E F

8.

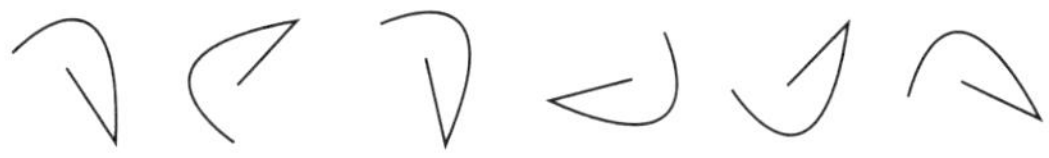

9.

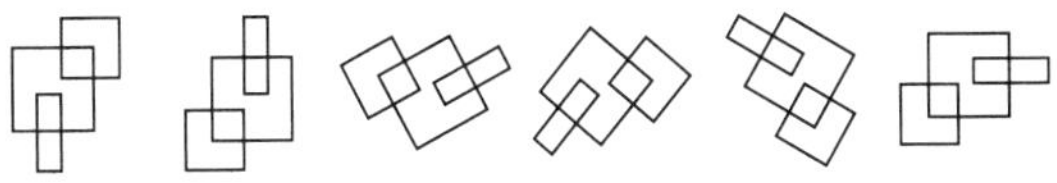

10.

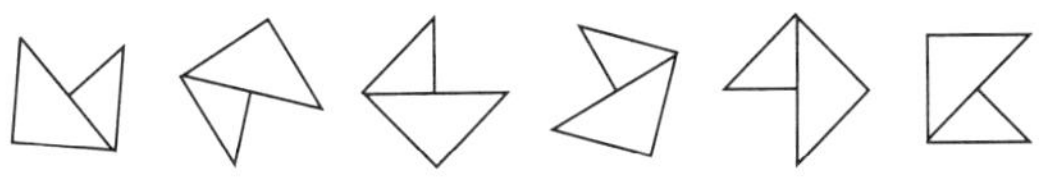

11.

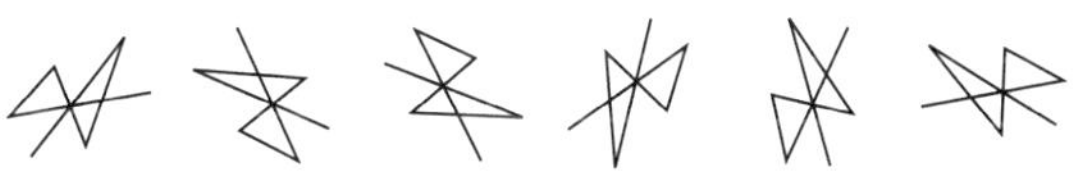

12.

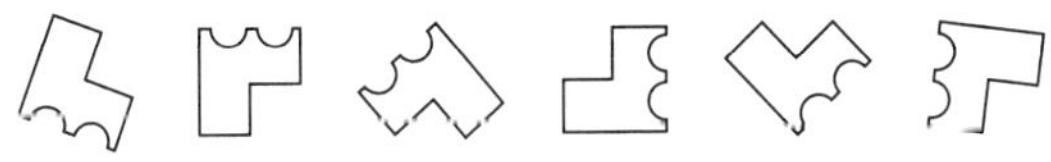

13.

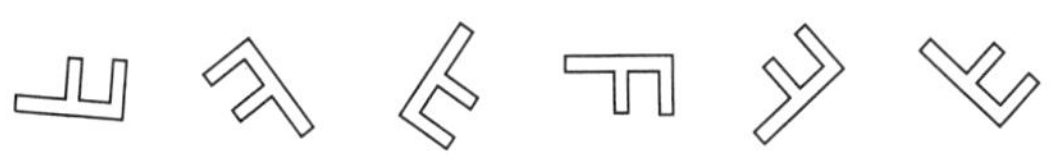

14.

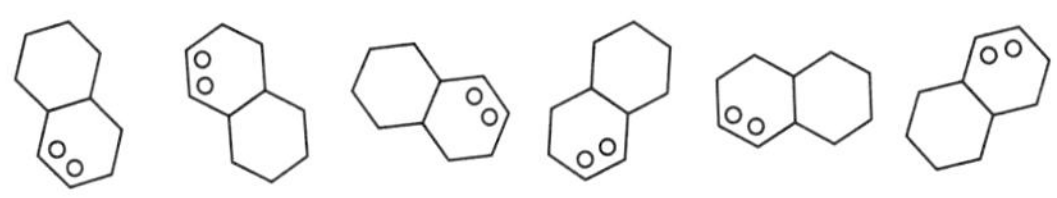

15.

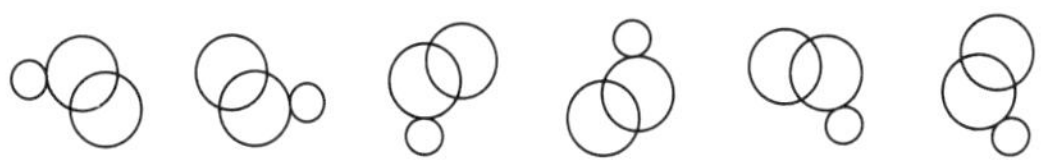

16.

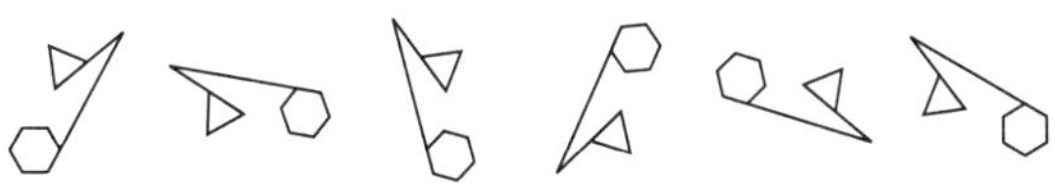

17.

B Abwicklungen

Auch wenn Ihnen dieses Wort schon einmal in einem anderen Zusammenhang untergekommen ist: Welcher der vier Körper links kann aus der Faltvorlage rechts gebildet werden? Die Faltvorlage stellt immer die Außenseite des Körpers dar.

1. Beispiel:

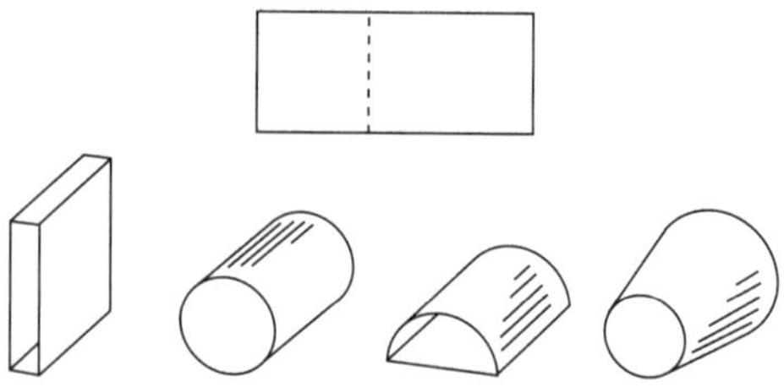

a b c d

Lösung: c

2. Beispiel:

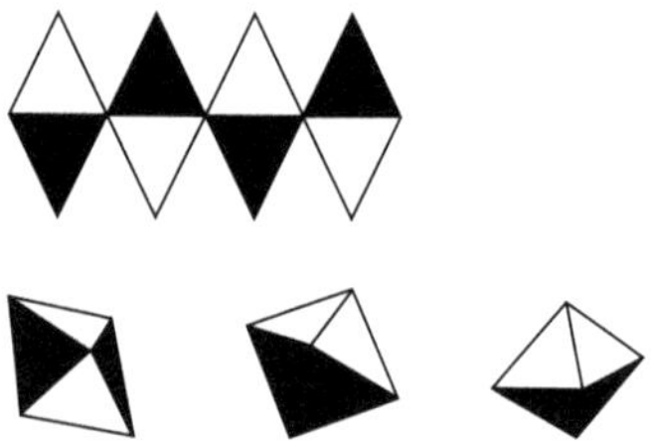

a b c d

Lösung: b

Für 13 Aufgaben haben Sie 10 Minuten Zeit.

1.

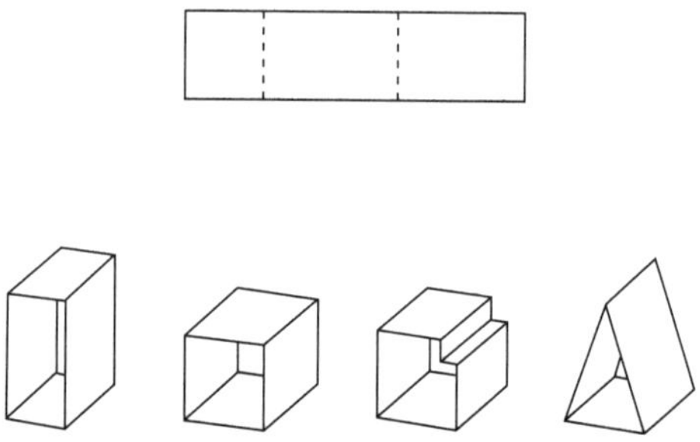

a b c d

2.

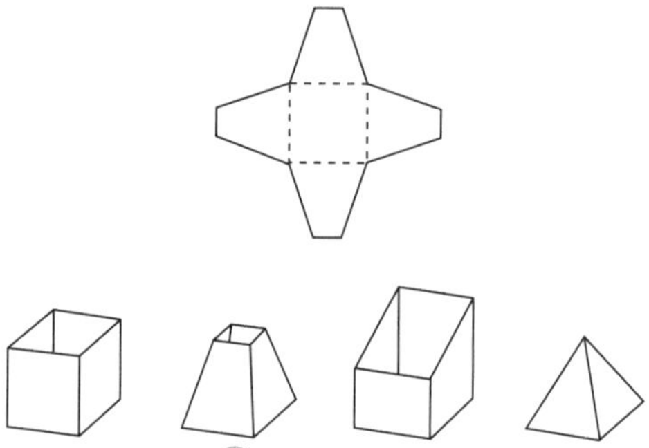

a b c d

3.

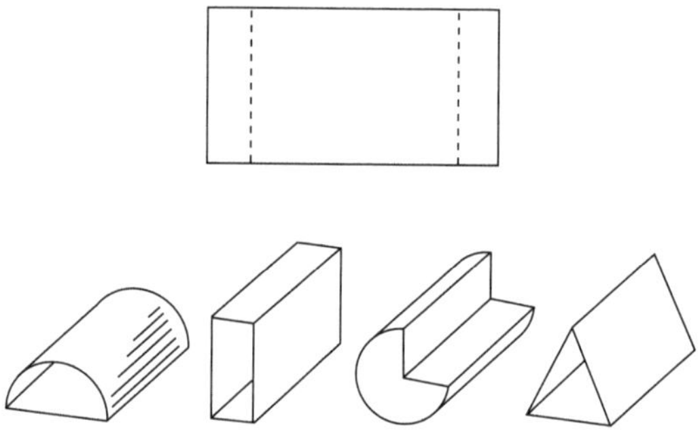

a b c d

4.

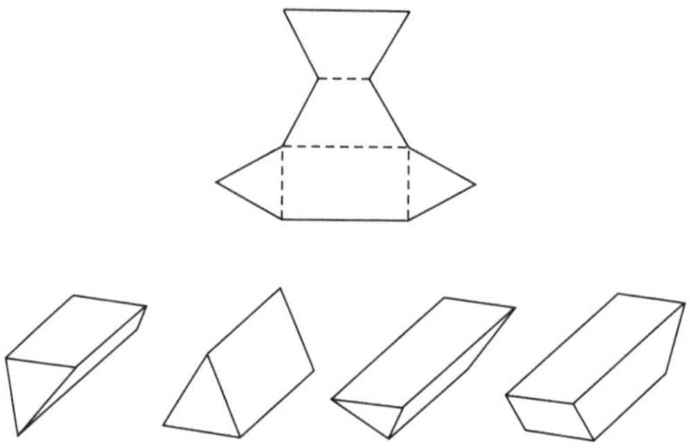

a b c d

5.

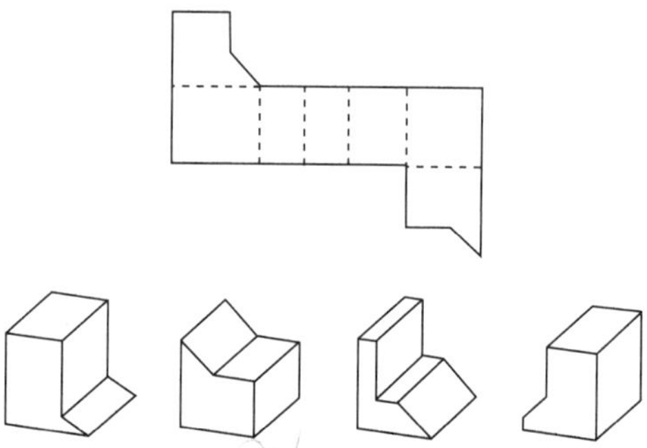

a b c d

6.

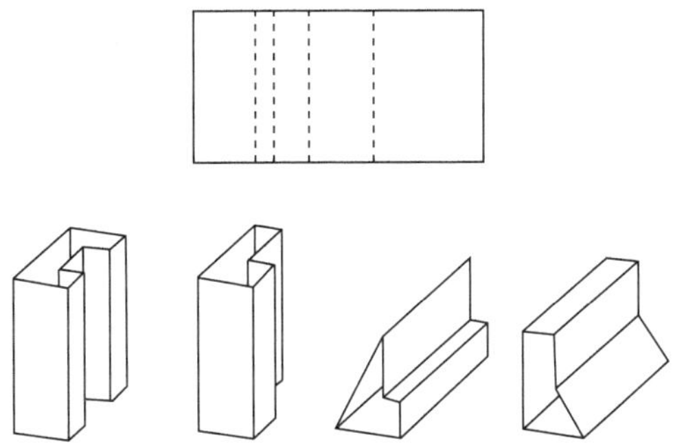

a b c d

7.

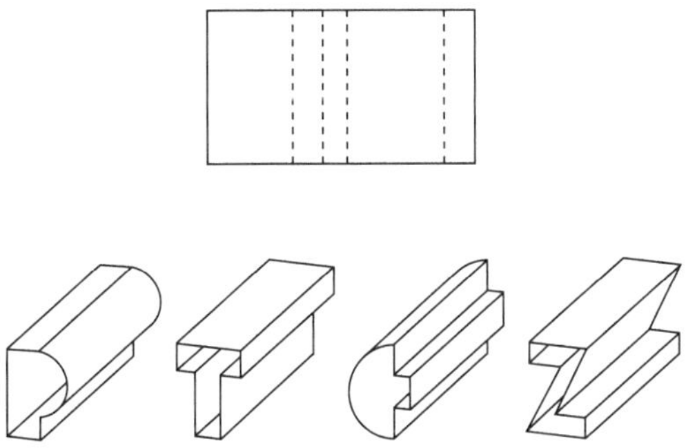

a b c d

8.

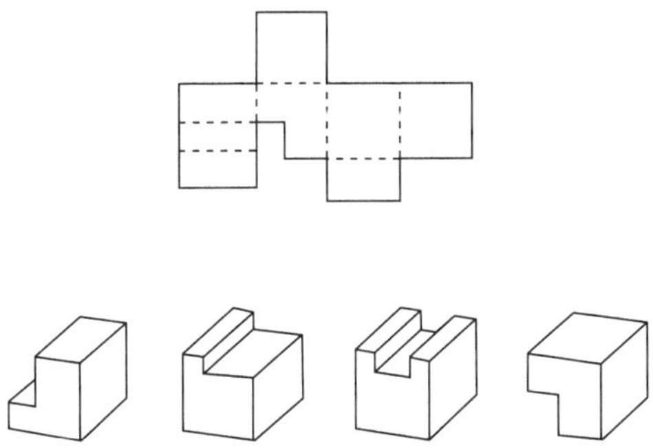

a b c d

9.

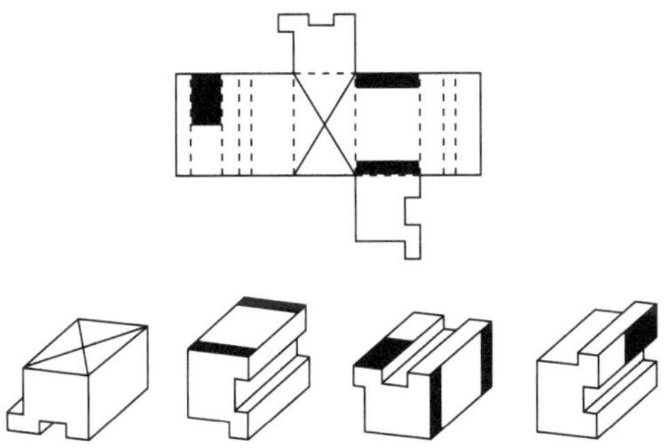

a b c d

10.

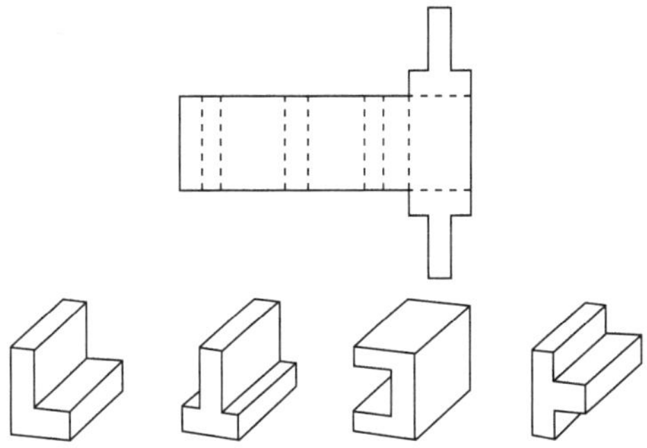

a b c d

11.

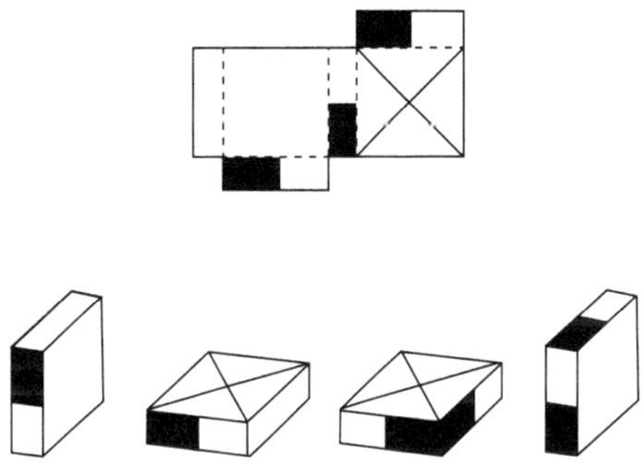

a b c d

12.

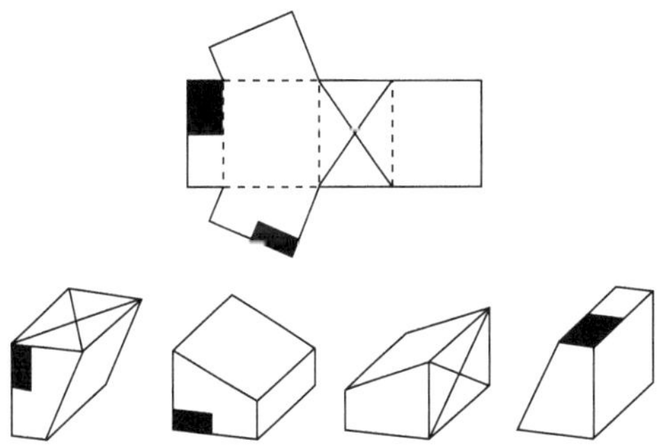

a b c d

13.

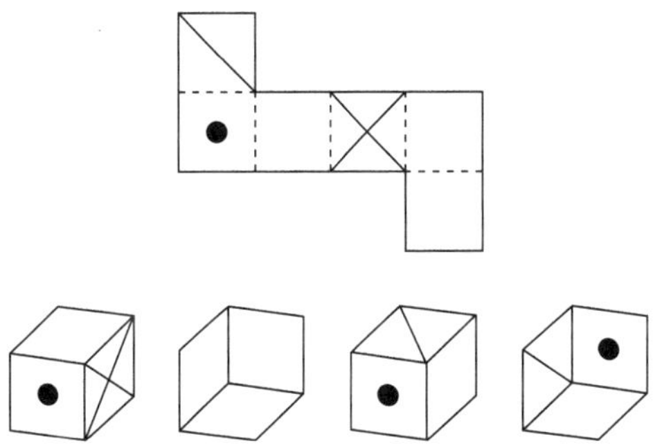

a b c d

C Würfelaufgaben

Ihnen werden 5 Musterwürfel vorgegeben (a, b, c, d und e). Auf jedem sind sechs verschiedene Muster, drei davon können Sie sehen. Finden Sie heraus, welcher Musterwürfel a–e sich in den Aufgabenwürfeln versteckt.

Beispiel:

Musterwürfel

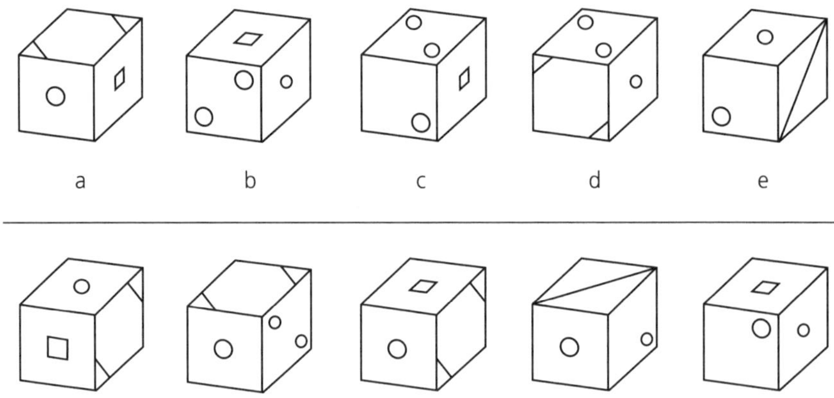

Aufgabenwürfel

Lösungen (von links nach rechts): a, d, b, e, c (Der erste Würfel (links) ist der Musterwürfel a, weil dieser nach links gedreht wurde und nach vorne gekippt. Bitte beachten Sie, dass der Würfel gedreht oder gekippt, aber auch gedreht und gekippt sein kann. Dabei kann auch maximal ein neues Zeichen (eine neue Seite) bei den Musterwürfeln sichtbar werden. Beachten Sie weiterhin, dass es sich um 5 verschiedene Würfel handelt, auch wenn die Musterwürfel zum Teil gleiche Zeichen/Symbole tragen.)

Für 15 Aufgaben haben Sie 10 Minuten Zeit.

Musterwürfel

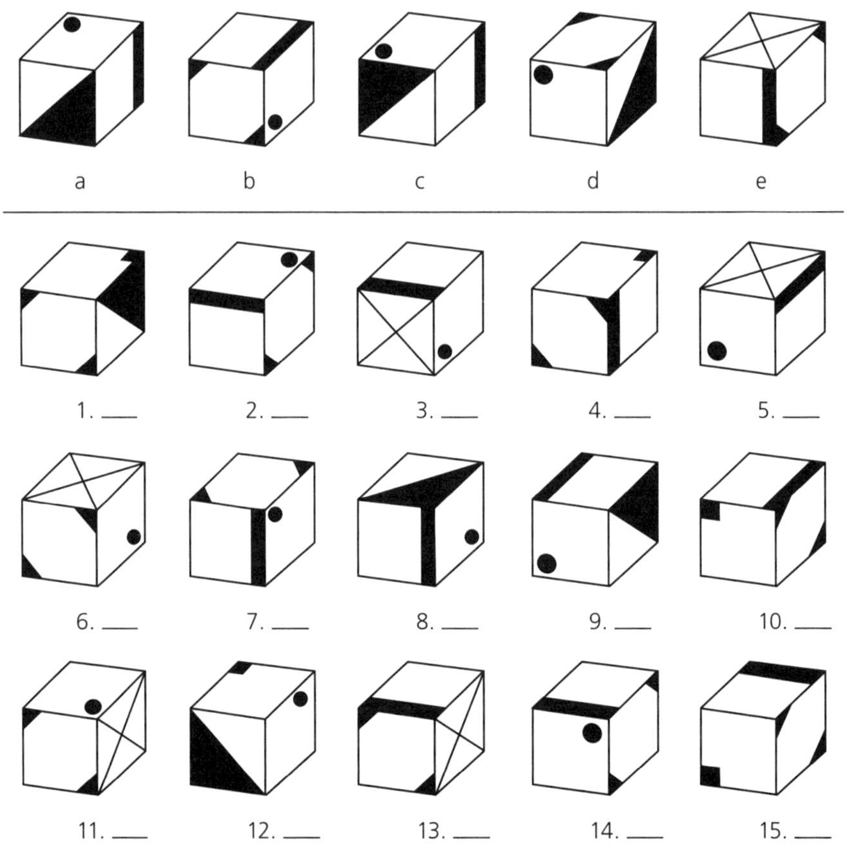

Aufgabenwürfel

Lesehinweise

- Testtraining Logik
- Testtraining 2000plus
- 1 x 1 Logik-Tests

Rechen-Testaufgaben

(Lösungen ab Seite 135)

Neben der Überprüfung der Rechtschreibkenntnisse sind Testaufgaben, die sich Ihren Rechen- und Mathematikkünsten widmen, Hauptbestandteil in fast jedem Bewerbungstest.

1. Zahlenreihen

Die folgenden Zahlenreihen sind nach einer bestimmten Regel aufgebaut. Aufgabe ist es, das nächste Glied in einer Reihe herauszufinden.

Pro Aufgabenblock haben Sie 15 Minuten Zeit.

1.

A	3	4	6	9	13	18	24	.....
B	4	5	6	8	10	13	16	.....
C	54	52	26	24	12	10	5	.....
D	18	20	40	42	84	86	172	.....
E	100	50	52	26	28	14	16	.....
F	10	20	40	30	60	120	110	.....
G	33	30	15	45	42	21	63	.....
H	20	5	9	36	40	10	14	.....
I	12	9	27	30	10	7	21	.....
J	18	20	10	14	6	12	6	.....

2.

A	114	57	60	30	34	17	22	.....
B	8	7	7	5	10	7	21	.....
C	84	21	63	65	64	16	48	.....
D	16	19	21	20	23	25	24	.....
E	4	8	14	22	32	44	58	.....
F	6	8	16	15	13	26	27	.....
G	17	14	7	21	18	9	27	.....
H	12	19	17	17	23	20	20	.....
I	24	26	11	15	3	9	0	.....
J	30	34	32	36	38	42	40	.....

2. Schätzaufgaben

Bei den folgenden Rechenaufgaben geht es mehr um die Auffassungsgeschwindigkeit bei der Abschätzung der wahrscheinlich richtigen Lösung als um wirkliche Rechenfähigkeit.

Für 17 Aufgaben haben Sie 12 Minuten Zeit.

1. 411 · 511 + 25 302 =

a) 235 323
b) 255 401
c) 300 425
d) 195 798

2. 50 384 · 695 =

a) 87 543 218
b) 55 437 158
c) 35 016 880
d) 12 384 58

3. 199^2 =

a) 39 981
b) 40 001
c) 39 681
d) 39 601

4. 49 371 · 7 =

a) 350 167
b) 345 598
c) 335 698
d) 345 597

5. 48 190 · 12,5 =

a) 581 900
b) 578 280
c) 602 375
d) 601 901

6. 3 574 158 : $\frac{1}{2}$ =

a) 1 787 079
b) 7 148 316
c) 1 780 018
d) 6 985 079

7. $11\frac{1}{2}$ % von 9755 =

a) 998,745
b) 1320,505
c) 100,925
d) 1121,825

8. 36 % von 462 =

a) 166,32
b) 172,12
c) 122,12
d) 149,18

9. 99^3 =

a) 199 299
b) 1 999 927
c) 970 299
d) 97 299

10. $\frac{8}{35} : \frac{4}{70}$ =

a) 12
b) 2
c) 7
d) 4

11. $\sqrt{199} \approx$

a) 15,1
b) 14,1
c) 13,5
d) 12,9

12. 20 105 – 1104 =

a) 19 001
b) 19 010
c) 19 110
d) 19 011

13. 16,005 + 13,05 + 9,6 =

a) 38,556
b) 41,655
c) 40,665
d) 38,655

14. 18 261,9 : 9 =

a) 2 000,11
b) 1 998,6
c) 2 029,1
d) 2 031,7

15. 0,25 · 0,04 =

a) 1
b) 0,1
c) 0,01
d) 0,001

16. 0,24 : 0,06 =

a) 5
b) 0,4
c) 4
d) 0,3

17. $\frac{1}{3} \cdot \frac{1}{9}$ =

a) $\frac{4}{12}$
b) $\frac{4}{9}$
c) $\frac{2}{3}$
d) $\frac{1}{27}$

3. Kettenaufgaben

Hier muss man froh sein, dass diese Kettenaufgaben nicht mündlich angesagt, sondern immerhin schriftlich gegeben werden. Die folgenden Aufgaben sollen ohne Taschenrechner gelöst werden. Achtung: Es gilt ausnahmsweise nicht Punktrechnung vor Strichrechnung.

Für 8 Aufgaben haben Sie 20 Minuten Zeit.

1. 2 · 5 + 2 : 6 + 4 · 5 + 6 : 6 + 4 · 5 : 2 – 5 : 4 – 4 · 9 + 1 = ...

2. 8 – 4 · 2 : 4 + 9 · 5 : 5 + 4 – 5 : 2 – 4 · 8 + 2 · 7 + 4 : 2 = ...

3. 2 · 4 – 5 + 3 · 6 + 4 – 5 : 7 · 5 + 5 · 2 : 6 · 5 : 2 + 7 – 8 = ...

4. 9 – 6 + 2 · 7 : 5 + 3 · 7 : 7 – 2 · 3 + 6 · 4 – 9 + 2 + 2 – 6 = ...

5. 4 · 5 : 4 + 5 · 4 – 3 · 3 – 1 : 2 – 8 + 3 – 9 · 2 – 1 : 9 + 1 = ...

6. 3 · 3 + 6 – 5 · 7 + 2 : 8 + 6 · 3 + 21 : 11 – 3 · 9 + 3 : 10 · 13 = ...

7. 4 + 22 – 8 + 14 : 4 · 9 + 8 : 8 + 50 – 6 : 6 + 11 – 5 + 12 – 3 : 4 = ...

8. 84 – 6 + 2 : 8 · 7 – 7 : 9 + 45 + 2 : 6 · 5 – 15 + 90 : 60 · 8 : 4 = ...

Für die nächsten 4 Aufgaben haben Sie 4 Minuten Zeit.

9. 70 – 38 · 2 : 8 + 8 · 5 – 10 = ...

10. 125 : 5 · 9 + 25 : 50 · 25 = ...

11. 87 + 12 : 9 + 81 : 9 + 89 = ...

12. 16 · 4 : 8 + 12 · 17 – 324 = ...

4. Summen überprüfen

Jetzt geht es um die Überprüfung der Richtigkeit von Additionen. Sie sollen vier zweistellige Zahlen jeweils von links nach rechts in der Zeile addieren und das Ergebnis, das am Rand notiert ist, überprüfen sowie von oben nach unten beide Zahlen addieren und das vorliegende Ergebnis wiederum überprüfen. Sind alle Zahlen richtig addiert, können Sie die Aufgabe abhaken. Falsche Ergebnisse sind durchzustreichen.

1. Beispiel:

15	23	=	38
27	48	=	75
42	71		

Alle Additionen sind richtig.

2. Beispiel:

69	20	=	~~75~~
21	56	=	77
90	~~66~~		

Die Ergebnisse 75 und 66 sind durchzustreichen, da sie falsch sind.

Für 17 Aufgaben haben Sie 7 Minuten Zeit.

1.

22	44	=	66
19	47	=	65
43	91		

2.

34	61	=	95
18	44	=	61
52	104		

3.

9	82	=	91
28	29	=	59
47	111		

4.

33	44	=	67
66	26	=	92
99	70		

5.

13	33	=	46
25	41	=	66
38	74		

6.

51	9	=	70
22	47	=	69
83	56		

7.

92	4	=	96
7	63	=	80
98	67		

8.

29	11	=	50
30	37	=	67
59	49		

9.

41	12	=	43
14	21	=	35
55	32		

10.

67	13	=	80
51	43	=	93
127	56		

11.

34	25	=	69
12	26	=	39
46	53		

12.

39	48	=	87
19	52	=	71
49	100		

13.

77	22	=	97
8	86	=	96
85	104		

14.

47	13	=	60
84	46	=	130
95	59		

15.

18	15	=	33
6	73	=	78
24	86		

16.

26	15	=	41
54	80	=	123
80	93		

17.

44	23	=	67
32	9	=	41
76	42		

5. Zahlenmatrizen

Zahlenmatrizen sind ähnlich wie Zahlenreihen zu bearbeiten. Man muss das Aufbauprinzip erkennen und die Fragezeichen knacken.

Beispiel:

1	2	3	4	
4	3	2	1	
1	2	?	4	Lösung: 3
4	?	2	1	Lösung: 3

Für 6 Aufgaben haben Sie 10 Minuten Zeit.

A

?	4	6	8
3	5	7	9
1	3	?	7
?	6	8	?

B

12	34	56
23	?	67
34	56	78

C

16	64	68
12	48	?
8	32	36

D

48	51	17	20
51	54	18	21
54	57	?	22
?	60	20	23

E

5	3	6
2	?	1
8	0	9

F

1	4	9
16	25	?
49	64	81

6. Textaufgaben

Bitte lösen Sie die folgenden Rechentextaufgaben ohne Taschenrechner.

Für 12 Aufgaben haben Sie 20 Minuten Zeit.

1. Ein rechteckiges Grundstück hat eine Größe von 2 193 m^2 bei einer Front von 51 m Länge. Wie breit ist das Grundstück?

....

2. Eine Erbschaft von 52 000 Euro soll unter zwei Erben so verteilt werden, dass der jüngere Erbe einen dreimal so großen Erbteil bekommt wie der ältere Erbe. Wie groß ist der kleinere Erbanteil in Euro?

....

3. Die Reaktionszeit eines Busfahrers beträgt eine Sekunde. Wie viele Meter fährt der Bus, wenn der Fahrer mit einer Geschwindigkeit von 96 km/h fährt und plötzlich eine Gefahrensituation sieht, bevor er anfängt zu bremsen?

....

4. Zwei Skateboardfahrer sehen sich bei einem Kurztreffen um 14.55 Uhr. Sie tauschen für 5 Minuten ihre Erfahrungen aus und fahren in entgegengesetzter Richtung weiter. Wie groß ist die Entfernung zwischen ihnen nach 80 Minuten, wenn der eine 12 km, der andere Skateboardfahrer 7,5 km in der Stunde zurücklegt?

....

5. Ein Lottogewinn von 576 000 Euro soll im Verhältnis von 4:5 aufgeteilt werden. Wie groß ist der kleinere Gewinn?

....

6. Von 30 Testaufgaben haben Sie 18 richtig. Wie viel Prozent sind das?

....

7. Ein Drittel dieser Testaufgaben war leicht, ein Sechstel war schwer. Wie viel Prozent der Aufgaben waren weder schwer noch leicht?

....

8. Während sich ein großes Zahnrad 36-mal dreht, muss sich ein kleineres 108-mal drehen. Wenn sich das kleinere aber 432-mal gedreht hat, wie viele Male muss sich dann das größere Zahnrad gedreht haben?

....

9. Wenn von 100 geborenen Kindern 63 Jungen sind, wie viel Prozent Mädchen wurden dann geboren?

....

10. Wie groß ist die monatliche Belastung für die Bank bei einer jährlichen Zinslastbelastung von 9,5 % für eine Kreditsumme von 150 000 Euro?

....

11. Ein Schreibwarenhändler verkauft Schreibhefte. Für zwei verlangt er so viel, wie ihn drei gekostet haben. Wie hoch ist der Gewinn in Prozent?

....

12. Ein Jaguar, ein Gepard und eine Hyäne fressen gemeinsam eine Antilope. Der Jaguar allein würde die Antilope in einer Stunde auffressen. Der Gepard bräuchte drei Stunden dafür und die Hyäne sogar sechs. Wie viel Zeit brauchen sie, wenn sie die Antilope zusammen fressen?

....

Lesehinweise

- Testtraining 2000plus
- Testtraining Rechnen und Mathematik
- Testtraining Textaufgaben

7. Rechenkonzentration

Unterstreichen Sie bitte nur die Zahlen, die glatt (ohne Kommastelle im Ergebnis) durch 7 teilbar sind ... also
71 59 63 84

Für die erste Aufgabe haben Sie 3 Minuten Zeit.

1.

17	57	63	122	98	33	12	193	147
999	336	330	455	196	121	777	857	49
450	321	112	298	435	420	561	43	123
96	108	245	357	425	10	110	114	131
140	287	443	450	133	345	451	499	151

Unterstreichen Sie jetzt bitte nur die Zahlen, die glatt (ohne Kommastelle im Ergebnis) durch 9 teilbar sind ...
also 109 81 99 63 84 ...

Für die zweite Aufgabe haben Sie 2 Minuten Zeit.

2.

123	321	427	112	118	525	255	124	333
425	775	224	111	110	496	199	451	225
508	622	777	125	116	222	334	375	999

8. Maße und Gewichte

Teil A

Für 2 Aufgaben haben Sie 2 Minuten Zeit.

1. 4 Pfund und 30 Gramm sind wie viel Gramm?

a) 430 b) 4 030
c) 203 d) 20,3
e) 2 030

2. Schreiben Sie 90 Zentner in Tonnen.

a) 9 b) 4,5
c) 45 d) 0,45
e) 0,9

Teil B

Für 2 Aufgaben haben Sie 2 Minuten Zeit.

1. Wie viel Millimeter hat ein Dezimeter?

a) 10 b) 100
c) 1 000 d) 0,1
e) 10 000

2. Schreiben Sie in der nächstgrößeren Einheit: 33ℓ.

a) 3 300 m^3 b) 330 km^3
c) 0,033 m^3 d) 300 dm^3
e) 3,3 m^3

Teil C

Für 2 Aufgaben haben Sie 2 Minuten Zeit.

1. Eine Badewanne hat die Innenmaße:
Länge: 60 cm
Breite: 40 cm
Höhe: 30 cm
Wie viel Kubikmeter Wasser kann sie höchstens enthalten?

a) 0,072 m3 b) 0,024 m3
c) 0,012 m3 d) 0,72 m3
e) 72 000 m3

2. Schreiben Sie in der nächstkleineren Einheit: 0,5 kg.

a) 5 g b) 50 g
c) 5 000 g d) 0,5 t
e) 500 g

Teil D

Für 2 Aufgaben haben Sie 2 Minuten Zeit.

1. 8 Pfund und 40 Gramm sind wie viel Gramm?

a) 840 g b) 1 680 g
c) 4 040 g d) 2 440 g
e) 3 560 g

2. Wie viel Gramm sind ein Doppelzentner?

a) 100 000 g b) 10 000 g
c) 1 000 000 g d) 1 000 g
e) 100 g

Logik- und Abstraktionsvermögen-Testaufgaben

(Lösungen Seite 136)

Obwohl wir im Kapitel Intelligenz-Testaufgaben schon einzelne Tests zum logischen Verständnis vorgeführt haben, möchten wir diesem Thema ein einzelnes Kapitel widmen. Unter dem Begriff »Logik« wird ein folgerichtiges, schlüssiges, gültiges, sogenanntes »denkrichtiges« Überlegen bezeichnet, das zu einleuchtenden, offenkundig und selbstverständlich richtigen Schlussfolgerungen und Aussagen führt. Mithilfe unterschiedlicher Testaufgabentypen versucht man, sich an Logik- und Abstraktionsfähigkeiten der Getesteten heranzupirschen.

Es lassen sich grafische Aufgaben, sprachliche Aufgaben (z. B. Analogien) und Zahlenaufgaben (-reihen) unterscheiden.

1. Wochentage

Mit den Wochentagen kennen Sie sich aus. Ihre Aufgabe ist es jetzt, aufgrund einer Aussage den logisch richtigen Wochentag herauszufinden.

Beispiel:

Heute ist Montag. Welcher Tag ist drei Tage nach gestern?

Lösung: Mittwoch. (Wenn heute Montag ist, war demzufolge gestern Sonntag. Drei Tage dazugerechnet, ergibt Mittwoch.)

Für 10 Aufgaben haben Sie 10 Minuten Zeit.

1. Übermorgen ist der dritte Tag nach Montag. Welcher Tag war vorgestern?

....

2. Morgen sind es noch vier Tage bis Sonntag. Welcher Tag ist übermorgen?

....

3. Gestern waren bis Sonntag noch fünf Tage. Welcher Tag ist morgen?

....

4. Der Tag, der vor vorgestern lag, liegt drei Tage nach Samstag. Heute ist also ...?

....

5. Übermorgen in einer Woche ist zwei Tage vor Dienstag. Vorgestern war ...?

....

6. Vorgestern waren es drei Tage vor Dienstag. Welchen Tag haben wir nach übermorgen?

....

7. Zwei Tage vor vorgestern war Dienstag. Welcher Tag wird übermorgen sein?

....

8. Wenn drei Tage vor gestern Mittwoch war, welcher Tag wird morgen sein?

....

9. Übermorgen ist fünf Tage vor Freitag. Welcher Tag war gestern?

....

10. Welcher Tag war vorgestern, wenn der Tag nach übermorgen zwei Tage vor Samstag liegt?

....

2. Grafik-Analogien

Hier ist die Aufgabe, aus fünf vorgegebenen Lösungsvorschlägen das grafische Element auszuwählen, das ein fehlendes Element in einer logischen Folge von grafischen Figuren sinnvoll ergänzt. Oder anders ausgedrückt: Zwei Zeichen sind vorgegeben, zwischen denen eine gewisse Beziehung besteht. Das dritte vorgegebene Element hat mit einem zu suchenden vierten Element ebenso eine logische Beziehung, die es zu suchen gilt. Nur einer der fünf Lösungsvorschläge kommt dafür infrage.

Beispiel:

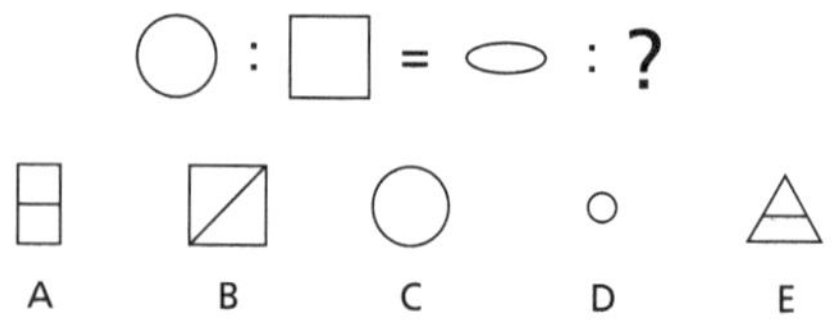

Lösung: E
Der Kreis verhält sich zum Quadrat wie die Ellipse zum Rechteck.

Für die folgenden 12 Aufgaben haben Sie 6 Minuten Zeit.

1.

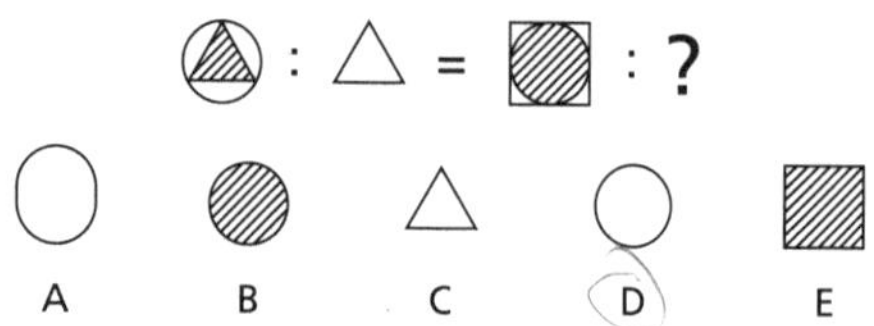

2.

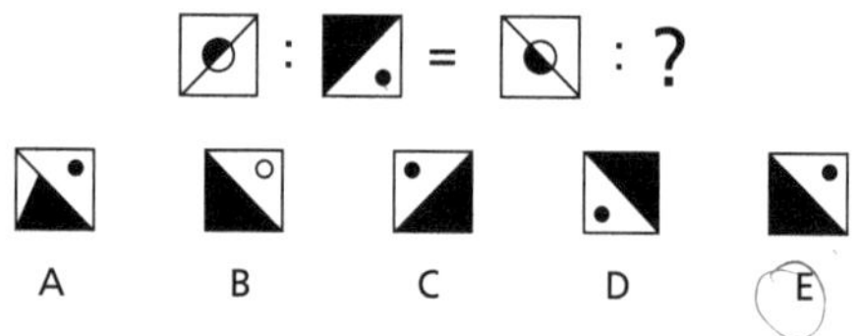

3.

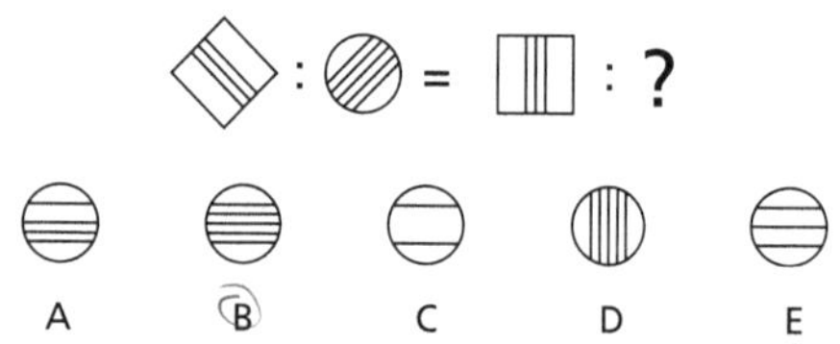

4.

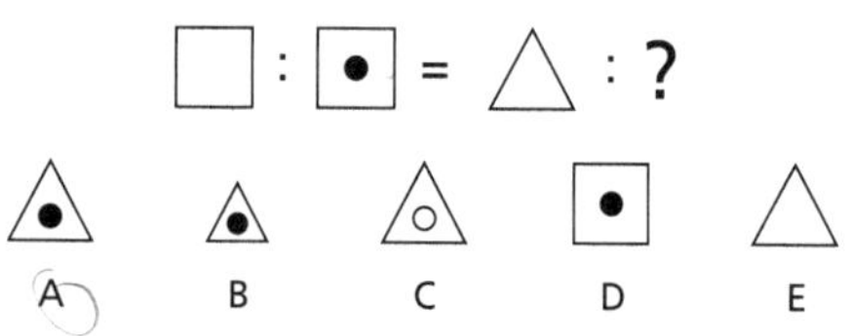

5.

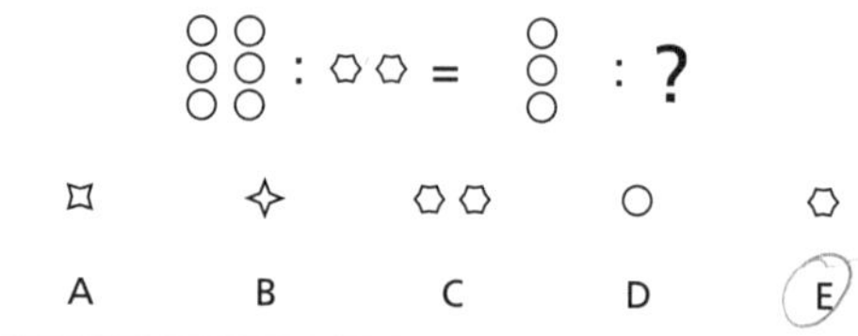

6.

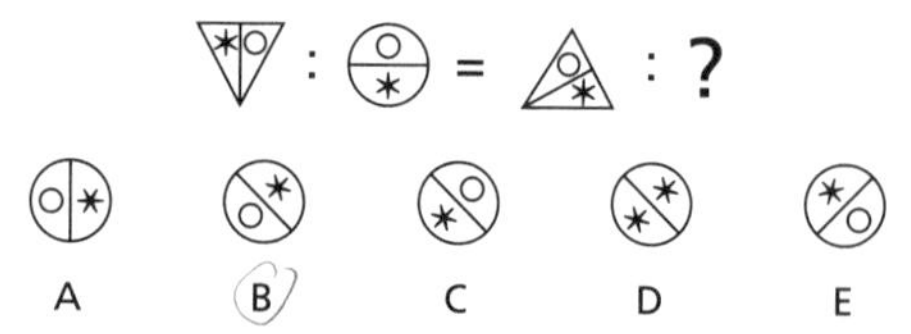

7.

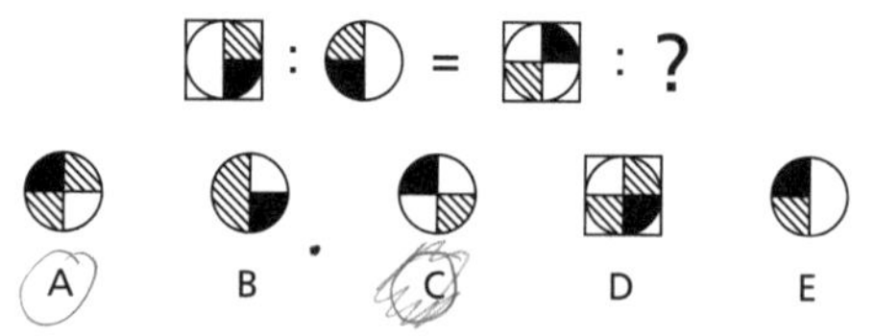

8.

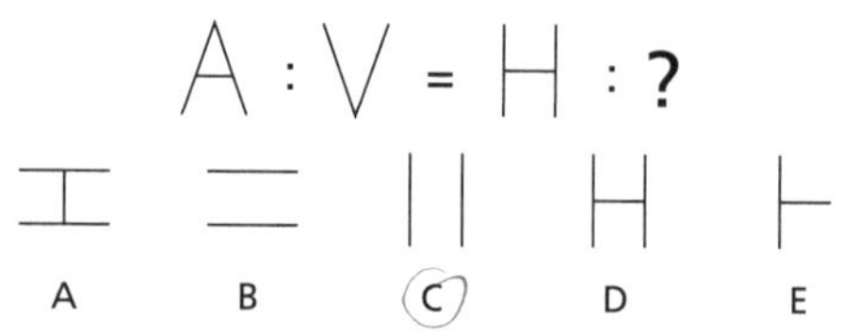

9.

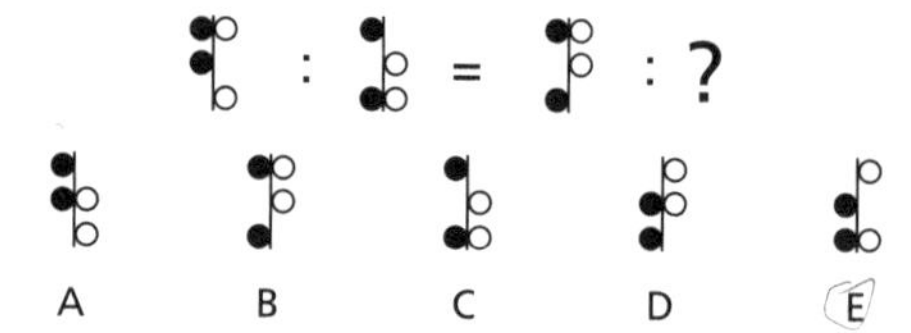

10.

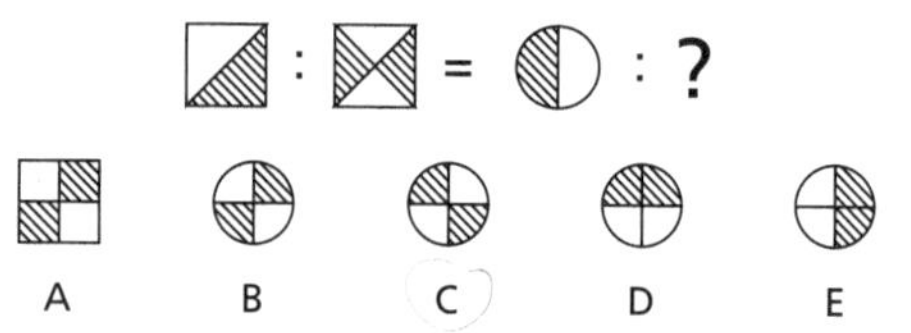

11.

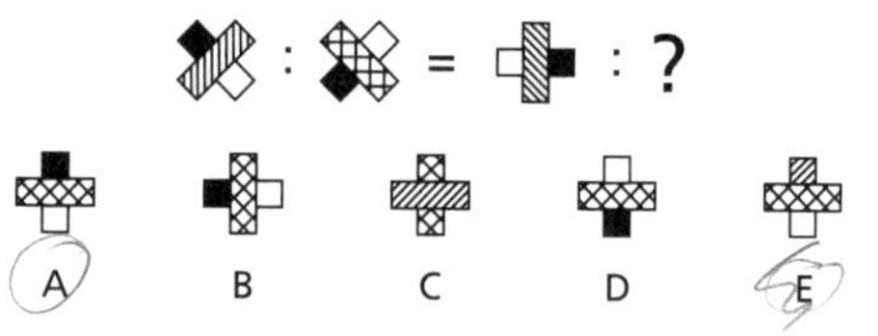

12.

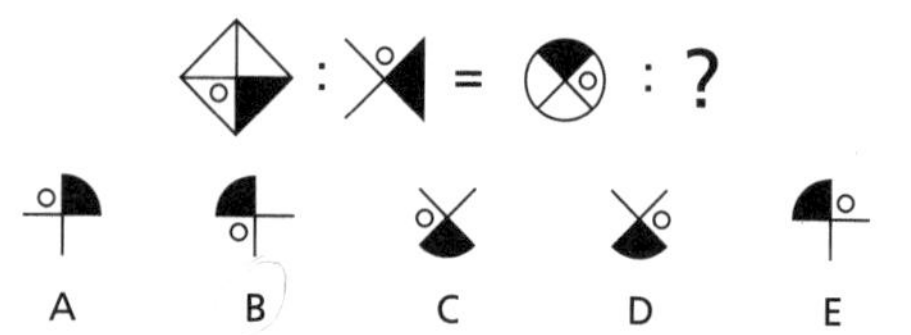

3. Meinung oder Tatsache

Jetzt geht es darum, Meinungen von Tatsachen zu unterscheiden. Tatsachen sind so charakterisiert, dass sie sofort bzw. in relativ kurzer Zeit beweisbar wären, Meinungen dagegen müssen erst ausdiskutiert werden.

1. Beispiel:

Rauchen ist ungesund.
a) Tatsache
b) Meinung

Lösung: a

2. Beispiel:

Die Sterne lügen nicht.
a) Tatsache
b) Meinung

Lösung: b

Für 10 Aufgaben haben Sie 2 Minuten Zeit.

1. Der Weltraum ist unendlich.
a) Tatsache
b) Meinung

2. Geld verdirbt den Charakter.
a) Tatsache
b) Meinung

3. Menschen sind Sozialwesen.
a) Iatsache
b) Meinung

4. Soziales Engagement hat einen christlichen Ursprung.
a) Tatsache
b Meinung

5. Politik ist ein schmutziges Geschäft.
a) Tatsache
b) Meinung

6. Fernsehen bildet.
a) Tatsache
b) Meinung

7. Es gibt Menschen, die an ihr Horoskop glauben.
a) Tatsache
b) Meinung

8. Die Umweltzerstörung hat in den letzten Jahren zugenommen.
a) Tatsache
b) Meinung

9. Man sagt, dass Treibgas die Ozonschicht zerstört.
a) Tatsache
b) Meinung

10. Manche Zeitungen lügen.
a) Tatsache
b) Meinung

4. Flussdiagramme

Die folgenden Übungsaufgaben sollen Ihnen Gelegenheit geben, sich mit einem bestimmten Aufgabentyp aus gängigen Eignungsverfahren (Fluss- oder Ablaufdiagramm) besser vertraut zu machen.

Eine Reihe von Problemstellungen und möglichen Lösungswegen werden in einem Flussdiagramm schematisch dargestellt. Zur Problemlösung gelangen Sie, indem Sie den Pfeilen des Flussdiagramms Schritt für Schritt folgen und das Schema begreifen.
Die »Bausteine« (Felder) des Flussdiagrams können sein: Handlungsschritte, Fragen, Antworten.

Ihre Aufgabe ist es, für die nummerierten »Bausteine« (Felder) aus einer vorgegebenen Lösungsmenge a–e jeweils den richtigen Text auszuwählen, sodass das gesamte Flussdiagramm einen stimmigen Problemlösungsablauf aufzeigt.

Sie finden also zu den lediglich mit einer Ziffer versehenen »Bausteinen« (Feldern) jeweils fünf aus Texten bestehende Lösungsvorschläge (a, b, c, d, e), von denen nur einer richtig ist. Diesen gilt es für jeden nummerierten »Baustein« (1–3) logisch richtig herauszufinden. Nochmals: Nur jeweils eine Lösung (für einen »Baustein«) ist richtig.

Beispiel:
Mit der Vorbereitung eines Bades kennen Sie sich aus. Sie müssen warmes und kaltes Wasser in die Wanne laufen lassen, die Temperatur überprüfen, ggf. Wasser ab- oder weiteres warmes oder kaltes Wasser zulaufen lassen, um dann endlich baden zu können.

In dem Flussdiagramm auf der nächsten Seite ist das Problem schematisch dargestellt. Zunächst wird Wasser in die Wanne gelassen, dann muss man entscheiden, ob die Wanne zu voll ist, die Temperatur überprüfen usw.

Welcher Text gehört in die Bausteine 1, 2, 3, damit das Flussdiagramm logisch richtig vervollständigt ist?

1. Welcher Text gehört in den Baustein 1?
a) Warmes Wasser hinzufügen
b) Kaltes Wasser hinzufügen
c) Wanne zu voll?
d) Etwas Wasser ablaufen lassen
e) Zusätzliches Wasser hinzufügen

Lösung: d (Lösung c kann es nicht sein, denn in diesem Feld kann keine Frage kommen. Die Lösungen a, b und e scheiden auch aus, da die ja eben als zu voll erkannte Wanne überlaufen würde.)

2. Welcher Text gehört in den Baustein 2?
a) Wanne zu voll?
b) Wanne voll genug?
c) Wanne zu leer?
d) Temperatur ist zu kalt
e) Temperatur ist richtig

Lösung: b (Die Lösungen d und e scheiden aus, weil das Feld eine Frage beinhalten muss (schließlich folgt ein Ja oder Nein). Lösung a scheidet aus, denn die Wanne kann nicht zu voll sein, das wird bereits am Anfang überprüft (Wanne zu voll?). Auch c kann nicht die richtige Lösung sein, denn die Antwort »Ja« führt dazu, die Wasserhähne zu schließen und zu baden. Dies würde man nicht tun, wenn die Wanne zu leer ist.)

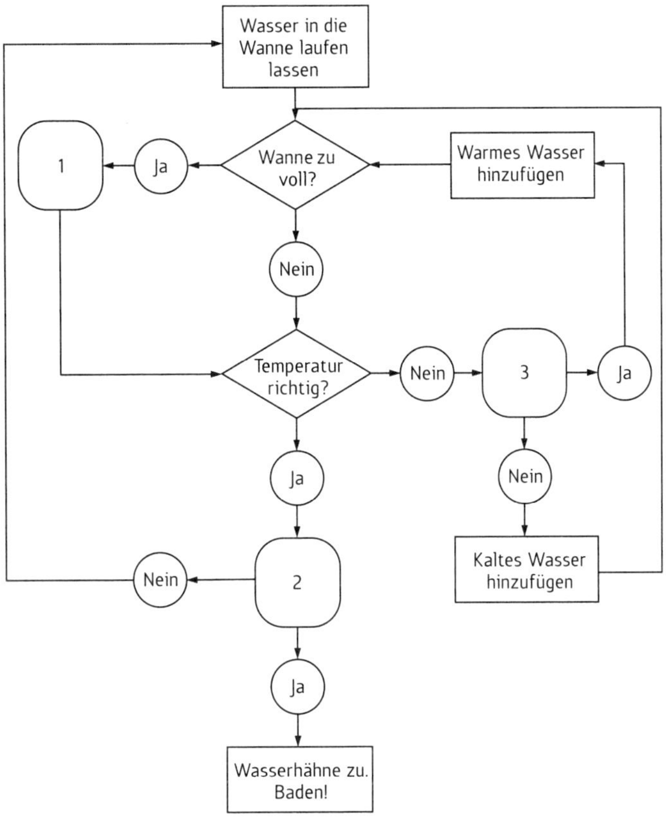

3. Welcher Text gehört in den Baustein 3?

a) Temperatur zu kalt?
b) Temperatur zu warm?
c) Wanne zu voll?
d) Wanne ist voll
e) Wasser ablaufen lassen

Lösung: a (Lösungen d und e entfallen, weil sie keine Fragen sind, aber der Anschluss Ja und Nein folgt. Lösung c scheidet aus, denn dies wurde bereits überprüft. Lösung b ist ebenfalls falsch, weil man bei zu warmem Wasser kein zusätzliches warmes Wasser hinzufügen würde.)

Es folgen nun 3 Aufgaben mit insgesamt 9 Fragen. Für diese 3 Aufgaben haben Sie 15 Minuten Zeit.

1. Fahrkartenautomat

Ein Fahrkartenautomat stellt folgende Tickets aus:

– Normalticket	3,20 Euro
– Kurzstrecke	0,80 Euro
– Reduziert (bis 14 Jahre)	1,80 Euro

1.1 Welcher Text gehört in den Baustein 1?

a) Ticket beim Bahnpersonal kaufen
b) Ticket erhalten?
c) Reklamieren
d) Ist es eine Kurzstrecke?
e) Geld einwerfen

1.2 Welcher Text gehört in den Baustein 2?

a) Ist es eine Kurzstrecke?
b) Ist es eine Langstrecke?
c) Ist der Reisende älter als 14 Jahre?
d) Geld suchen
e) Nach Hause gehen

1.3 Welcher Text gehört in den Baustein 3?

a) In die Bahn einsteigen
b) Geld in die Tasche gesteckt?
c) Ticket einstecken
d) Ticket erhalten?
e) Ist es eine Kurzstrecke?

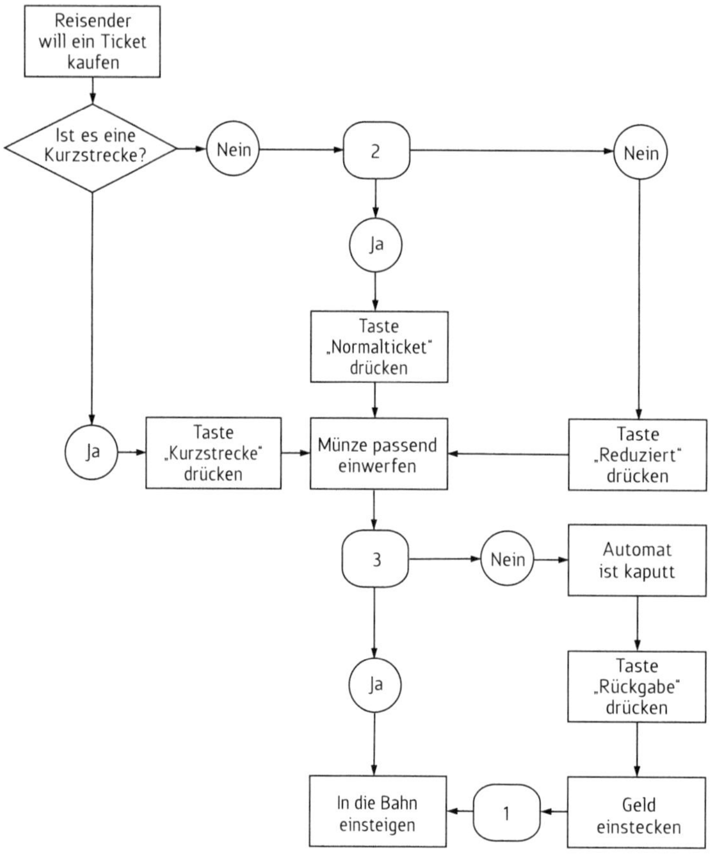

2. Einbruch

Ein Einbrecher will in der Villa von Professor Witzig den Safe knacken. Der Professor hat einen Butler, Herrn Riese, der im Nebenhaus wohnt.

2.1 Welcher Text gehört in den Baustein 1?

a) Hat der Butler ihn gehört?
b) Ist er leise genug gewesen?
c) Hat er den Weg zum Safe gefunden?
d) Hat er seine Tat bereut?
e) Hat er sein Einbrecherwerkzeug mit?

2.2 Welcher Text gehört in den Baustein 2?

a) Hat er Schnupfen?
b) Der Safe ist nicht da.
c) Hat er zu viel Lärm gemacht?
d) Hat er den Safe gefunden?
e) Er will flüchten.

2.3 Welcher Text gehört in den Baustein 3?

a) Hat er alles eingesteckt?
b) Steht die Polizei vor dem Haus?
c) Hat er seine Tat bereut?
d) Der Einbrecher ist erfolgreich gewesen.
e) Der Butler hat die Polizei gerufen.

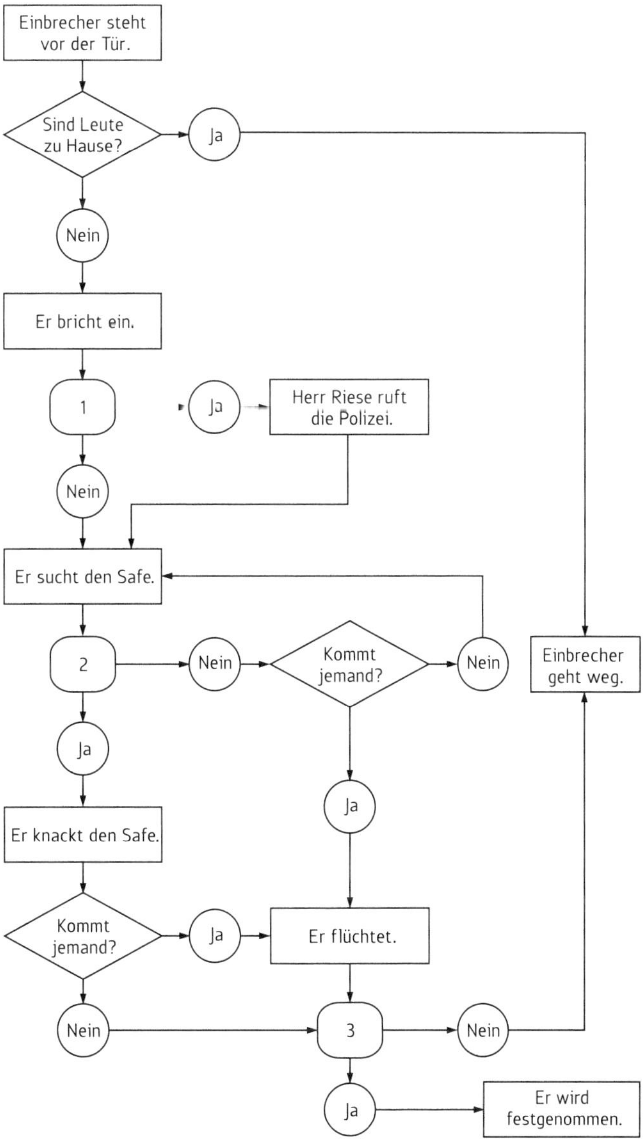

3. Waschmaschinen

Ein Geschäft verkauft drei verschiedene Waschmaschinentypen:

- ÖKO-CLEAN: 1 500 Euro, sofort lieferbar, in Weiß oder Grün
- WASCH-O-MATIC: 1 200 Euro, 8 Wochen Lieferzeit, in Weiß oder Braun
- SAUBER-AZ: 1 000 Euro, 4 Wochen Lieferzeit, nur in Braun

3.1 Welcher Text gehört in den Baustein 1?

a) Lieferzeit von 8 Wochen zu lang?
b) Das Produkt gefällt dem Kunden nicht?
c) Kunde kauft WASCH-O-MATIC
d) 8 Wochen Lieferzeit OK?
e) Farbe Braun OK?

3.2 Welcher Text gehört in den Baustein 2?

a) Farbe Braun OK?
b) Farbe Weiß OK?
c) Farbe spielt keine Rolle
d) Lieferzeit von 8 Wochen zu lang?
e) Kunde kauft nichts

3.3 Welcher Text gehört in den Baustein 3?

a) Die Frau des Kunden wäscht per Hand
b) Kunde braucht keine Waschmaschine
c) Kunde kann sich nicht entscheiden
d) Kunde kauft nichts
e) Kann sich der Kunde eine Waschmaschine leisten?
f) Kunde braucht keine Waschmaschine, weil er lieber im Waschsalon wäscht

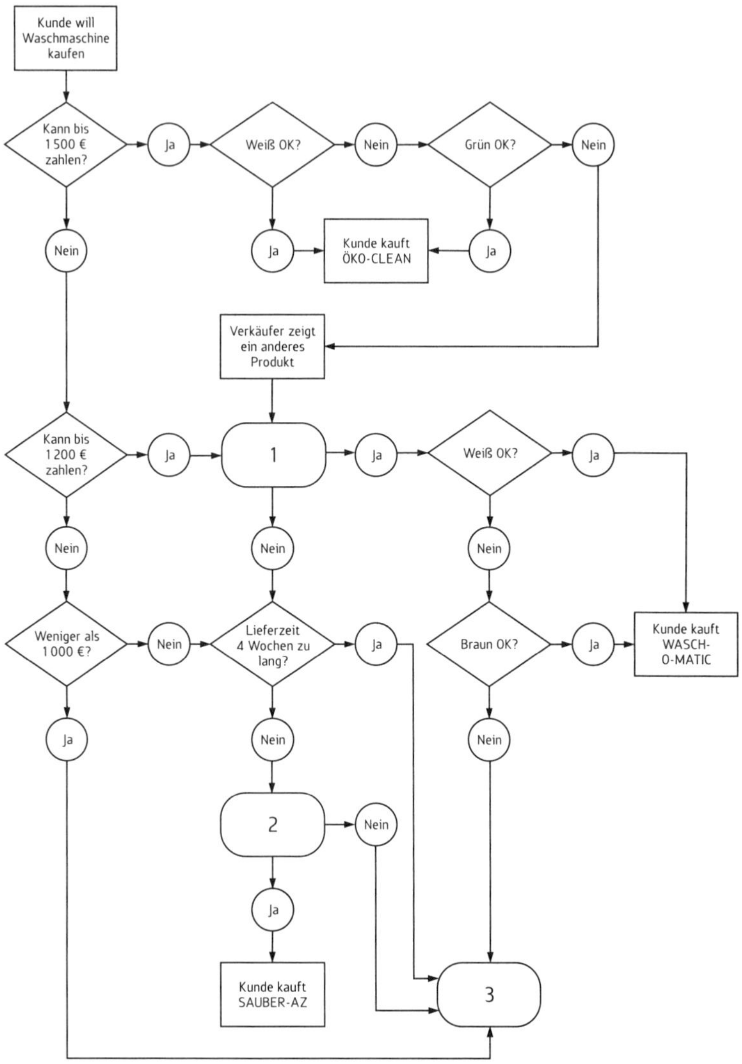

Lesehinweise

- Testtraining Logik
- Testtraining 2000plus

5. Textanalyse

Lesen Sie bitte den folgenden Text und versuchen Sie, den Inhalt zu verstehen. Im Anschluss an den Text finden Sie 7 Sätze bzw. Aussagen (a–g), von denen lediglich einer Teilaspekte des Inhalts korrekt wiedergibt. Alle anderen Sätze enthalten inhaltlich etwas anderes oder falsche bzw. neue Informationen, die im Text nicht vorgegeben sind. Ihre Aufgabe ist es, den einzigen Satz bzw. die Aussage herauszufinden, die bestimmte Textinhalte korrekt wiedergibt.

Beispiel:
Zu den wichtigsten Entscheidungshilfen für Ihre persönliche Studien- und Berufswahl gehören neben der Information über die sachlichen und rechtlichen Aspekte der Ausbildung und späteren Berufsausübung Informationsschriften, das Internet, Bücher, Hörfunk- und Fernsehbeiträge sowie das persönliche Gespräch und die Diskussion mit Freunden und Bekannten. In diesem für Sie nicht einfachen Entscheidungsprozess können auch Gruppenmaßnahmen der Berufsberatung sowie der Besuch von Studien- und Bildungsberatungsstellen in Schulen und Hochschulen, bei Beauftragten für Behindertenfragen wie auch die Teilnahme an geeigneten Volkshochschulkursen weiterhelfen.

a) Entscheidungsprozesse für oder gegen die Studien- und Berufswahl gehören zu den wichtigsten Schritten im persönlichen Leben eines heranwachsenden Menschen.
b) Auch Hörfunk- und Fernsehsendungen können wichtige Entscheidungshilfen für die persönliche Berufswahl darstellen.
c) Durch Gruppenmaßnahmen der Beauftragten für Behindertenfragen können geeignete Volkshochschulkurse gefunden werden.
d) Der nicht einfache Entscheidungsprozess für die richtige Studienwahl wird besonders durch Freunde und Bekannte entscheidend beeinflusst.
e) Schriftliche Informationsmittel gehören neben anderen Medien sowie dem persönlichen Gespräch unter Freunden zu den wichtigsten Entscheidungshilfen beim Besuch von Studien- und Bildungsberatungsstellen.
f) Entscheidungshilfen durch Beauftragte für Behindertenfragen können eine wesentliche Unterstützung darstellen.
g) Keiner der hier aufgeführten Sätze a–f gibt den obigen Textinhalt korrekt wieder.

Lösung: b (Nur diese Aussage gibt einen Teilaspekt des Textes richtig wieder.)

Für 2 Aufgaben haben Sie 8 Minuten Zeit.

1.

Die Pädagogik (Erziehungswissenschaft) beschäftigt sich heutzutage mit allen Fragen der Entwicklung und Hinführung des Einzelnen zum selbstständigen und verantwortlichen Leben in Gesellschaft und Gemeinschaft. Damit hat die Pädagogik zugleich der Erziehungswirklichkeit in der Familie und Gesellschaft und in den erzieherischen, insbesondere den schulischen und sozialpädagogischen Einrichtungen konsequent Rechnung zu tragen, wobei sie durch wichtige Nachbarwissenschaften wie Anthropologie, Biologie, Philosophie, Psychologie und Soziologie Unterstützung findet, da hier sowohl die Voraussetzungen als auch die Funktionen von Erziehungs- und Lernprozessen Aufklärung finden.

Welche der folgenden Aussagen gibt Teilaspekte des Textinhaltes als einzige korrekt wieder? Oder ist keine der Aussagen korrekt?

a) In erzieherischen sozialpädagogischen Einrichtungen hat die Pädagogik der Erziehungsrealität der Gesellschaft Rechnung zu tragen.
b) Die Erziehungswirklichkeit wird durch den Einzelnen in der Gesellschaft und Gemeinschaft bestätigt.
c) Die Pädagogik hat den angrenzenden Wissenschaften wie Anthropologie, Soziologie und Philosophie Rechnung durch Aufklärung zu tragen.
d) Wichtige Nachbarwissenschaften wie Anthropologie, Biologie, Philosophie, Psychologie und Soziologie unterstützen die Pädagogik durch ihre Aufklärungsarbeit im Hinblick auf Lernprozesse.
e) Heute beschäftigt sich die Pädagogik vor allem mit erziehungswissenschaftlichen Entwicklungen in Familie und Gesellschaft.
f) Sozialpädagogische Einrichtungen haben die Aufgabe, die Erziehungswirklichkeit im Leben von Gesellschaft und Gemeinschaft selbstständig zu verantworten.
g) Keiner der hier aufgeführten Sätze a–f gibt den obigen Textinhalt korrekt wieder.

2.

Die Musikwissenschaft umfasst als aktuelles Studienfach im Unterschied zu den musikpraktischen und musikpädagogischen Studiengängen – als Beispiel dafür kann die Ausbildung zum Konzertpianisten bzw. der Bildungsweg zum Studienrat mit Hauptfach Musik angeführt werden – vorrangig die theoretischen und historischen Aspekte der Musik. Dadurch bedingt, gliedert sich die Musikwissenschaft einerseits in Musikgeschichte – auch als historische Musikwissenschaft bezeichnet –, andererseits in die systematische Musikwissenschaft sowie in die Musikethnologie, d. h. in die musikalische Volks- und Völkerkunde. Den Kern des musikwissenschaftlichen Studiums bildet jedoch eindeutig die Musikgeschichte, deren Hauptaufgabe es ist, die Entwicklung der Musik von der Antike bis zur Gegenwart zu erforschen. Ebenso gehört die intensive Beschäftigung mit dem Leben und den Werken führender Musiker dazu wie auch das Studium des Wandels der Stile und die Auseinandersetzung mit einzelnen Gattungen und historischen Epochen.

Welche der folgenden Aussagen gibt Teilaspekte des Textinhaltes als einzige korrekt wieder? Oder ist keine der Aussagen korrekt?

a) Die historische Musikwissenschaft ist ein Untergebiet des musikpraktischen Bildungswegs.
b) Aus musikethnologischer Sicht ist die musikalische Volks- und Völkerkunde ein musikpraktischer Aspekt systematischer Musikwissenschaftsuntersuchungen.
c) Die theoretischen und historischen Aspekte der Musik werden hauptsächlich im Studienfach Musikwissenschaft untersucht.
d) Schwerpunkt des musikwissenschaftlichen Studiums ist die Beschäftigung mit dem Leben und den Werken alter Meister.
e) Musiktheoretische und musikpraktische Studien stehen im Gegensatz zum musikwissenschaftlichen Studium.
f) Eine intensive Auseinandersetzung mit musikalischen Stilwandlungen und historischen Epochen ist Gegenstand musikethnologischer Untersuchungen.
g) Keiner der hier aufgeführten Sätze a–f gibt den obigen Textinhalt korrekt wieder.

6. Interpretation von Tabellen und Schaubildern

Im letzten Abschnitt möchten wir Ihnen einige Testaufgaben vorstellen, in denen es um Tabellen- und Diagramm-Interpretationen geht.

1. Maulwurfspopulationen

Bitte werten Sie nun die folgende Tabelle zur Anzahl von Maulwurfspopulationen aus. Fehler werden mit Punktabzug bestraft.

Für 5 Aufgaben haben Sie 10 Minuten Zeit.

Anzahl der Individuen von Maulwurfspopulationen									
	Ort X			Ort Y			Ort Z		
	Individuen		Nachwuchs	Individuen		Nachwuchs	Individuen		Nachwuchs
Jahr	m	w		m	w		m	w	
2011	103	78	102	47	23	6	342	504	432
2012	143	150	123	37	34	9	643	533	601
2013	120	170	87	67	77	43	448	400	548
2014	112	99	87	78	56	88	397	456	532
2015	167	174	199	131	158	129	664	435	653

Die Daten verstehen sich inkl. Zu- und Abwanderungen der Tiere.

1. Wie groß ist der Unterschied zwischen der niedrigsten und höchsten Individuenzahl (m und w getrennt angesehen!)?
a) 604 m 499 w
b) 723 m 624 w
c) 627 m 510 w
d) 666 m 514 w
e) 689 m 562 w

2. In welchem Jahr hat es in allen drei Orten zusammen die höchste Nachkommenzahl der Maulwurfspopulationen gegeben?
a) 2011
b) 2012
c) 2013
d) 2014
e) 2015

3. Wie hoch war die durchschnittliche Nachkommenzahl aller Individuen in Ort X?
a) 119,2
b) 119,3
c) 119,4
d) 119,5
e) 119,6

4. An welchem Ort und in welchem Jahreswechsel stieg die Nachkommenzahl der Individuen um 50 %?
a) Ort Y / 2011 → 2012
b) Ort Z / 2013 → 2014
c) Ort X / 2012 → 2013
d) Ort X / 2014 → 2015
e) Ort Y / 2012 → 2013

5. Wie groß war durchschnittlich der Unterschied in der Anzahl der Nachkommen zwischen Ort Y und Ort Z?
a) 497,9
b) 498
c) 498,1
d) 498,2
e) 498,3

2. Geografie Deutschland

Auf der rechten Seite sehen Sie verschiedene geografische Tabellen, zu denen Sie bitte folgende Fragen beantworten.

Für 9 Aufgaben haben Sie 8 Minuten Zeit.

1. Welche Bundesländer haben 2013 mehr als 1000 Einwohner/km²?

....

2. Wie lang ist die deutsch-polnische Grenze?

....

3. Wie groß ist das Steinhuder Meer?

....

4. Wie lang ist die Havel, und wie viele km sind davon schiffbar?

....

5. Welches Bundesland ist von der Fläche her das größte Bundesland? Wie viele km² umfasst es?

....

6. Welches von den drei Ländern hat die längste Grenze zu Deutschland: Luxemburg, Belgien oder Dänemark?

....

7. Welches ist der längste schiffbare Fluss in Deutschland?

....

8. An welcher Stelle steht das Bundesland Sachsen in der Rangfolge der Einwohnerdichte im Jahr 2013?

....

9. Welches Bundesland hatte 2013 die meisten Einwohner (bitte auch die Zahl nennen)?

....

Gebiet und Bevölkerung Deutschlands (2013)

	Fläche in km²	Bevölkerung insgesamt in 1.000	Einwohner je km²
Deutschland	357.021,43	80.767	226
Baden-Württemberg	35.751,76	10.631	297
Bayern	70.550,87	12.604	179
Berlin	890,85	3.421	3.838
Brandenburg	29.475,72	2.449	83
Bremen	404,23	657	1.568
Hamburg	755,20	1.746	2.312
Hessen	21.114,45	6.045	286
Mecklenburg-Vorp.	23.170,24	1.596	69
Niedersachsen	47.612,24	7.790	164
Nordrhein-Westfalen	34.077,70	17.571	515
Rheinland-Pfalz	19.846,50	3.994	201
Saarland	2.570,15	990	386
Sachsen	18.412,71	4.046	220
Sachsen-Anhalt	20.447,46	2.244	110
Schleswig-Holstein	15.770,47	2.815	178
Thüringen	16.170,88	2.160	134

Anliegerstaaten Deutschlands

Länge der Grenzen	in km
insgesamt	3.758
Dänemark	67
Niederlande	567
Belgien	156
Luxemburg	135
Frankreich	448
Polen	442
Österreich (ohne Bodensee)	816
Schweiz (mit Enklave Büsingen, ohne Obersee des Bodensees)	316
Tschechische Republik	811

Flüsse

	Länge in km (in D'ld)	darunter schiffbar in km²
Donau	647	386
Rhein	865	778
Neckar	367	201
Main	524	384
Mosel	242	242
Ems	371	238
Weser	440	440
Elbe	700	700
Havel	343	243
Elde	208	180
Oder	162	162

Seen

mit einer Fläche über 20 km²	in km²
Bodensee	571,5
Müritz	110,3
Chiemsee	79,9
Schweriner See	60,6
Starnberger See	56,4
Ammersee	46,6
Plauer See	38,0
Kummerower See	32,2
Steinhuder Meer	29,1
Großer Plöner See	29,0
Schaalsee	23,3
Selenter See	22,4

3. Klima

Im unten stehenden Diagramm geht es um das Klima in der deutschen Stadt X. Es werden die Niederschläge und die monatliche Durchschnittstemperatur für die Jahre 2014 und 2015 dargestellt. Statt Fragen zu beantworten, sind hier bestimmte Aussagen zu überprüfen. Notieren Sie jeweils, ob die Aussage richtig (= a) oder falsch (= b) ist.

Für 10 Aufgaben haben Sie 8 Minuten Zeit.

1. Im Jahr 2015 fielen die meisten Niederschläge in den Monaten Oktober, Dezember und Januar.
a) b)

2. Die niedrigste Durchschnittstemperatur für das Jahr 2014 liegt unter 0° C.
a) b)

3. In den Monaten Januar und September fielen 2014 am wenigsten Niederschläge.
a) b)

4. In den Monaten März, Mai und August sind die Niederschläge im Jahr 2015 gegenüber dem Vorjahr angestiegen.
a) b)

5. Im Juli wurde in beiden Jahren die höchste Temperatur gemessen.
a) b)

6. In den Monaten Mai bis September liegen die Temperaturwerte über 20° C.
a) b)

7. Die Niederschlagswerte betragen 2014 in den Monaten Februar, Mai und Juli über 80 mm/m^2.
a) b)

8. Während die Niederschläge von 2014 auf 2015 in den Monaten Februar und Mai abgenommen haben, sind sie in den Monaten Juni und November von 2014 auf 2015 gestiegen.
a) b)

9. Nur im Monat Oktober sind die Niederschläge 2015 gegenüber dem Vorjahr auf mehr als das Doppelte angestiegen.
a) b)

10. Je höher die Durchschnittstemperatur ist, desto höher sind auch die Niederschlagswerte.
a) b)

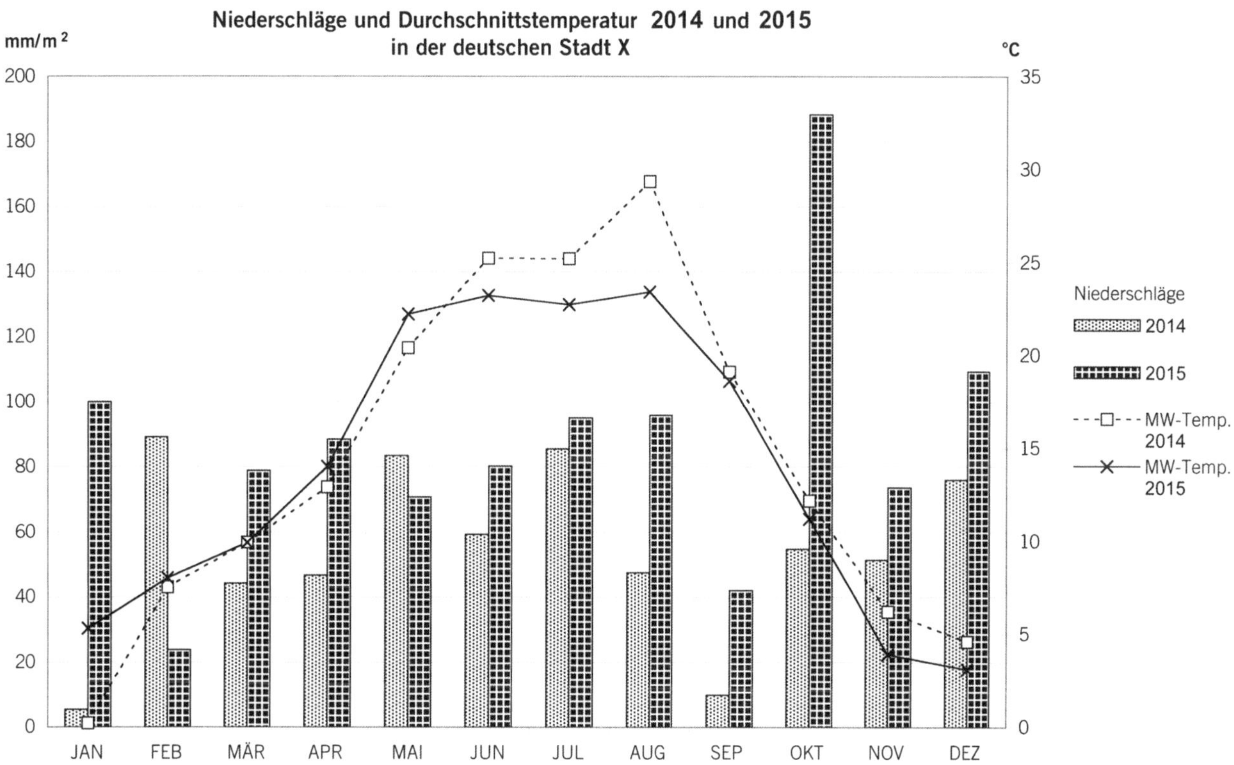

4. Wahlergebnisse

Für jede Behauptung ist eine richtige Antwort zu wählen.

Für 8 Aufgaben haben Sie 4 Minuten Zeit.

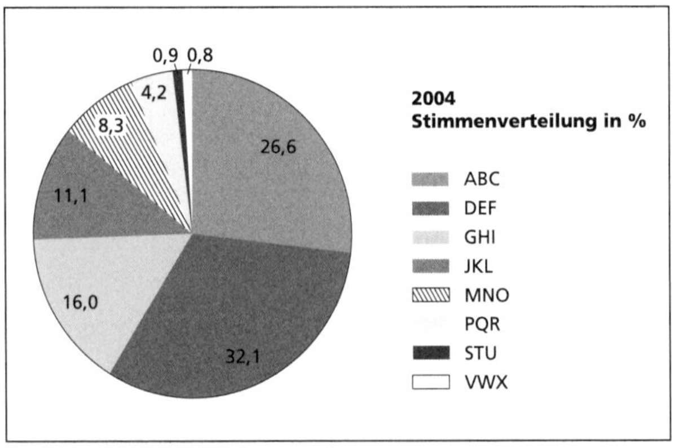

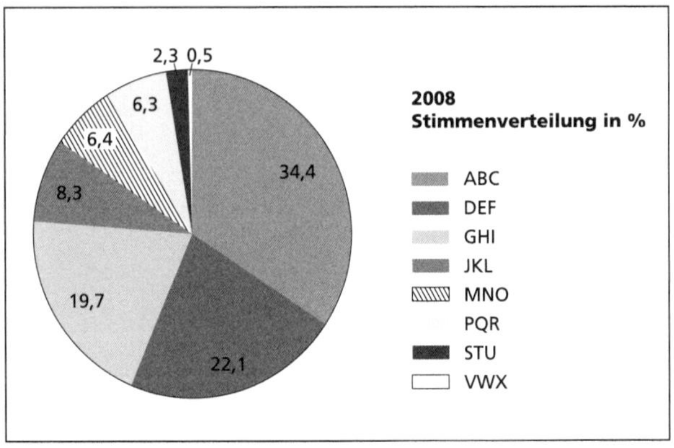

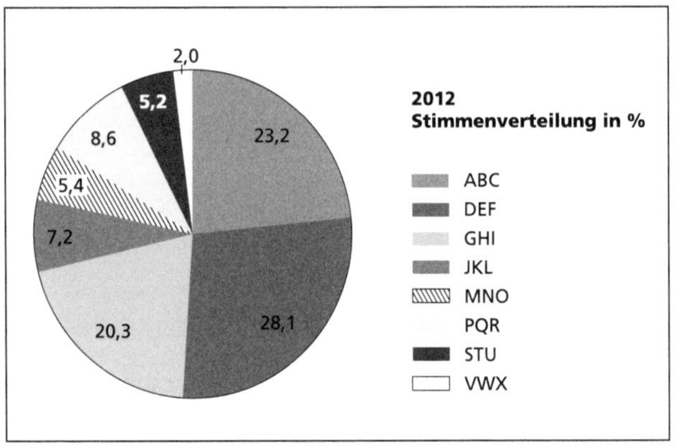

Behauptungen:

1. Die Partei DEF hat im Jahr 2004 den größten Stimmenanteil.
   a) stimmt
   b) stimmt nicht
   c) kann nicht eindeutig festgestellt werden

2. Die Partei STU hat in jedem Wahljahr den geringsten Stimmenanteil.
   a) stimmt
   b) stimmt nicht
   c) kann nicht eindeutig festgestellt werden

3. Die Parteien DEF, STU und VWX konnten im Jahr 2012 ihren Stimmenanteil gegenüber 2008 erhöhen.
   a) stimmt
   b) stimmt nicht
   c) kann nicht eindeutig festgestellt werden

4. Die Partei GHI hat in jedem Wahljahr den höchsten Stimmenanteil.
   a) stimmt
   b) stimmt nicht
   c) kann nicht eindeutig festgestellt werden

5. Der Stimmenanteil der Parteien STU und VWX übersteigt in allen drei Jahren nicht die 5 %-Hürde.
   a) stimmt
   b) stimmt nicht
   c) kann nicht eindeutig festgestellt werden

6. Im Jahr 2004 bilden die Parteien ABC, DEF und GHI eine Zwei-Drittel-Mehrheit.
   a) stimmt
   b) stimmt nicht
   c) kann nicht eindeutig festgestellt werden

7. Die Parteien JKL und MNO haben in den drei Wahljahren kontinuierlich ihre Wählerstimmen verloren.
   a) stimmt
   b) stimmt nicht
   c) kann nicht eindeutig festgestellt werden

8. Die Parteien JKL und PQR haben im Jahr 2008 den gleichen Stimmenanteil.
   a) stimmt
   b) stimmt nicht
   c) kann nicht eindeutig festgestellt werden

Lesehinweise

- **Testtraining Logik**
- **Testtraining 2000plus**

Rechtschreibungs-Testaufgaben

(Lösungen Seite 137)

Die Überprüfung der Rechtschreibkenntnisse gehört neben Rechentests zu den speziell bei jungen Bewerbern am häufigsten eingesetzten Bewerbungshürden. Grob zu unterscheiden sind:

- Diktate (ähnlich wie in der Schule)
- die Darbietung von schwierigen Wörtern, mit der Frage: richtige oder falsche Schreibweise?
- die Vorgabe von vier verschiedenen Schreibweisen eines Wortes oder Kurzsatzes mit der Aufgabe, die einzig richtige Schreibweise anzukreuzen.

Für die folgenden Aufgaben gilt die neue Rechtschreibung. Teilweise sind mehrere Schreibweisen zulässig. Wir haben im Lösungsteil des Buches sämtliche Lösungsmöglichkeiten berücksichtigt und die vom Duden empfohlene Variante gekennzeichnet – nach der Duden-Empfehlung richten sich viele Unternehmen.

1. Textkorrektur

Bitte streichen Sie in den folgenden Sätzen die Rechtschreibfehler an und korrigieren Sie diese.

Für 5 Aufgaben haben Sie 5 Minuten Zeit.

1. Ein Vorteil, der uneingeschrenkt unseren Grosskunden Zugute kommt.

2. Im grossen und ganzen ist die Rechtschreibung nun einfacher geworden.

3. Wir wissen, das seid jahrzehnten viele Hundertmilionen Mark bzw. Euro für Überflüssiges aufgewendedt werden.

4. Es ist also nichts erstaunliches, wenn wir hören, das dem menschlichen Wollen enge Grenzen gesezt sind.

5. Die acht tausender des Himalaya wurden schon manchem Bergsteiger zum Verhengnis.

2. Richtige Schreibweise

Ist das Wort richtig geschrieben? Wenn nein, bitte die richtige Schreibweise notieren!

Für 21 Aufgaben haben Sie 5 Minuten Zeit.

1. allmehlich ....
2. Kilojule ....
3. wohlweißlich ....
4. gesuntheitsschädigend ....
5. Rhabarber ....
6. Depäsche ....
7. Au-pair-Mädchen ....
8. Sattelit ....
9. Cornedbeef ....
10. atletisch ....
11. Gelleee ....
12. Galopprennbahn ....
13. Litographie ....
14. unversehens ....
15. Theke ....
16. Metode ....
17. Filliale ....
18. Sauerstoffflasche ....
19. Labürinth ....
20. Rododendrohn ....
21. Portmonaie ....

3. Orthografie

Welche der Schreibweisen ist jeweils richtig? Es kann mehrere mögliche Schreibweisen geben.

Für 18 Aufgaben haben Sie 10 Minuten Zeit.

1. a) Tausendfüssler
b) Tausentfüßler
c) Tausendfüßler
d) Tausentfüssler
e) Tausend Füßler

2. a) krehen
b) krähän
c) grähen
d) kräen
e) krähen

3. a) Musikapele
b) Musikkappelle
c) Musikappelle
d) Musikkapelle
e) Musikkappele

4. a) unentgeldlich
b) unentgeldtlich
c) unendgeldlich
d) unendtgeldlich
e) unentgeltlich

5. a) Anäkdote
b) Aneckdote
c) Anegdote
d) Anekdohte
e) Anekdote

6. a) fortwärend
b) fordwehrend
c) fortwärent
d) fordwerent
e) fortwährend

7. a) Cliqe
b) Klikke
c) Klique
d) Clique
e) Clicke

8. a) der Massör ging gestern Abend
b) der Masseur ging gestern Abend
c) der Masseure ging gesternabend
d) der Massöhr ging Gesternabend
e) der Maßeur ging Gestern abend

9. a) Biossphäre
b) Biospäre
c) Biosphäre
d) Biospähre
e) Biosfäre

10. a) Chrysanteme
b) Crüsanteme
c) Krysanteme
d) Chrysantheme
e) Krüsantheme

11. a) Gewantheit
b) Gewandtheit
c) Gewandheit
d) Gewandheidt
e) Gewantheid

12. a) ein einzelnes paar Handschuhe
b) ein einzelnes Paar Handschuhe
c) ein einzelnes Pahr Handschuhe
d) ein Einzelnes Paar Handschuhe
e) ein Einzelnes paar Handschuhe

13. a) Kassettenrekorder
b) Kassetenrecorder
c) Kassettenrecorder
d) Kasettenrecorder
e) Cassettenrekorder

14. a) ein tiefes Dekollte
b) ein tiefes Dekolletee
c) ein tiehfes Dekoltee
d) ein tiefes Dekolleté
e) ein tiefes Dekollté

15. a) wir müssen jetzt adieu sagen
b) wir müssen jetzt Adieu sagen
c) wir müssen jetzt adieusagen
d) wir müssen jetzt Adieusagen
e) wir müßen jetzt adieusagen

16. a) die Lärchen singen schön
b) die Lerchen singen schoen
c) die Lerchen singen schön
d) die Lärchen singen schöhn
e) die Lährchen singen schoen

17. a) Pommes frites und Mayonaise
b) Pommes Frittes und Mayonnaise
c) Pommesfrittes und Majonnäse
d) Pommes frites und Majonäse
e) Pommes frites und Mayonnaise

18. a) leuchtend grüner Schikoreesalat
b) leuchtendgrüner Chickoreesalat
c) leuchtend grüner Chickoréesalat
d) leuchtend grüner Chicoréesalat
e) leuchtend Grüner Chikoréesalat

4. Zeichensetzung

Hier müssen Sie sich entscheiden, ob an der vorgegebenen Stelle ein Komma zu setzen ist oder nicht. Achtung: Auch wenn nach der neuen Rechtschreibung viel Freiheit bei der Kommasetzung besteht, richten Sie sich bitte immer nach den Empfehlungen des Duden.

Beispiel:

Ich glaube ( ) dass der Sommer dieses Jahr ( ) schön werden wird.

Lösung: Ich glaube (,) dass der Sommer dieses Jahr (0) schön werden wird.

Für 8 Aufgaben haben Sie 2 Minuten Zeit.

1. Für eine verbindliche Antwort ( ) wäre ich Ihnen äußerst zu Dank verpflichtet.

2. Sie schälte die Orange ( ) und schnitt sie in einzelne Stücke.

3. Er sang ( ) und sang ( ) immer tiefer ( ) bis es nicht mehr weiter ging.

4. Für eine baldige Zusage ( ) wäre ich Ihnen sehr verbunden.

5. Aus diesem Grund sind gerade Pinguine geeignete Testobjekte für das Studium von Ausmaß ( ) Dauer und Bedingungen der Kältegewöhnung.

6. Sie nahm sich eine Taxe ( ) um noch rechtzeitig zum Vorstellungsgespräch zu kommen.

7. Im Zusammenhang mit der steigenden Kriminalität ( ) nehmen die Verdächtigungen ( ) insbesondere was Ausländer anbetrifft ( ) beträchtlich zu.

8. »Ich darf es nicht vergessen« ( ) dachte der Mann bei sich ( ) bevor er endlich einschlief ( ) und schon klingelte das Telefon.

5. Korrekte Schreibweise

Aufgabe 1

Entscheiden Sie bei dieser Aufgabe, welche Schreibweise die richtige ist. Es können auch mehrere Schreibweisen zulässig sein.

Für 15 Aufgaben haben Sie 12 Minuten Zeit.

1. Das Kanzleramt gibt ein Kommuniqué/Kommunikee heraus.
2. Die Sekretärin führt ihre Arbeiten sehr selbständig/selbstständig aus.
3. Maria war die fleißigste/fleissigste Schülerin/schülerin in der Klasse.
4. Mein Freund ist morgens/Morgens immer sehr munter.
5. Die Freunde gehen Samstag Abend/Samstag abend/Samstagabend ins Theater.
6. Im großen und ganzen/Großen und Ganzen hat er die Aufgaben der Klausur lösen können.
7. Erklären Sie mir das bitte auf Deutsch/auf deutsch.
8. Das Geschäft musste/mußte dem Kunden den Betrag gutschreiben/gut schreiben.
9. Wir fuhren mit dem Fahrrad/Fahrrat den Waldweg/Waldwek endlang/entlang.
10. Der Kapitän/Kapiten häuerte/heuerte für sein Schiff eine Mannschaft an.
11. Die Punkte der Tagesordnung sind zur besseren Übersicht nummeriert/numeriert.
12. Die Kinder mögen Spaghetti/Spagetti am liebsten mit Tomatensoße/Tomatensosse.
13. Marion hat ihr Necessaire/Nessessär im Urlaub vergessen.
14. Er hat die Aufgaben nicht 100prozentig/100-prozentig lösen könnnen, da er zu aufgeregt war.
15. Da der Bankangestellte nur wenig Zeit hat, ernährt er sich vorwiegend von Fast food/Fastfood/Fast Food.

Aufgabe 2

Hier haben Sie die Aufgabe, die alte Schreibweise in die neue zu bringen. Falls die alte Schreibweise weiterhin neben der neuen gilt, ist dies auch anzumerken. Schreiben Sie die Lösung neben die Wörter.

Für 18 Aufgaben haben Sie 5 Minuten Zeit.

1. selbstgemacht ....
2. radfahren ....
3. Wißbegierde ....
4. Tolpatsch ....
5. Geographie ....
6. After-shave-Lotion ....
7. Greuel ....
8. Geschirreiniger ....
9. hartgekocht ....
10. I-Tüpfelchen ....
11. Saxophon ....
12. wundliegen ....
13. Panther ....
14. aufwendig ....
15. existentiell ....
16. überschwenglich ....
17. Small talk ....
18. Stengel ....

Lesehinweis

- Testtraining neue deutsche Rechtschreibung

Konzentrations-Testaufgaben

(Lösungen ab Seite 138)

Sehr häufig werden Tests eingesetzt, von denen sich die Anwender versprechen, etwas über Ihr allgemeines Konzentrations- und Leistungsvermögen zu erfahren. Ob das in der Stresssituation eines Einstellungstests überhaupt möglich ist, kann bezweifelt werden.

1. Buchstaben einkreisen

Hier besteht Ihre Aufgabe darin, in einer Reihe vorgegebener Buchstaben alle die Buchstabenkombinationen einzukreisen, die aus drei im Alphabet unmittelbar aufeinanderfolgenden Buchstaben bestehen, z. B. so:

g j (g h i) k m a b d r z (u v w) (c d e) k l i v b

Bitte notieren Sie hinter jeder Zeile die Anzahl der gefundenen Dreierkombinationen.

Für 10 Aufgaben haben Sie 4 Minuten Zeit.

		Anzahl
1.	u g k l o b u s o j e c d e k p d e g k a q r n m g d b f n m l	....
2.	a b k n x y h j f a b c l b v c x g h l n l f l m x a x e r z f j h k	....
3.	t h k l u i r s e f j a b i p k o m b c g h i j r d c d s z z s g d	....
4.	k l m g f d e r s j o l b c a b x c x v x s x y b k u b u m u v e	....
5.	h i j g d r t u c f c d e t n k l p q d r d t d u d b d e c m a x	....
6.	s f j t z h u j i k o l z h k g g b f v d c s x a y j m h n g f l h o f	....
7.	y d x y h t g b d v c h i j k l o i u z t r e d s t z u i o p s v	....
8.	l h k l u i r s e c d a b h r k o m b c g h i j r d c d s z z s f	....
9.	a b m g f d e r s j o l b c a b x c x v x s x y b k u b u m u d s	....
10.	d m o g d r t u c f c d e t n k l p q d r d t d u d b d e c m d k	....

2. Buchstaben / Zahlen

Bei diesem Test sind folgende Buchstaben- und Zahlenkombinationen vorgegeben:

C	I	G	J	A	T	H	L	B	Y	P	alle anderen Buchstaben
4	1	5	0	3	2	8	6	8	9	7	X

Bitte schreiben Sie unter die folgenden Buchstabenreihen die entsprechenden Zahlen wie anfangs angegeben.

A	U	G	K	L	T	Z	C	F	J	B	E	P	T	B	V
3	X	5	X	6	...										

Für 10 Aufgaben haben Sie 6 Minuten Zeit.

1.	K	C	M	P	D	P	N	J	O	B	M	F	D	T	R	Z
2.	Z	R	D	V	J	O	P	S	E	J	L	B	C	M	H	O
3.	O	P	T	Z	E	R	W	A	D	C	X	Y	B	G	I	K
4.	K	H	G	F	D	S	A	Q	W	E	R	T	Z	U	I	O
5.	J	A	P	T	Z	B	C	V	H	L	O	B	X	I	A	C
6.	A	B	Y	X	N	M	C	V	W	R	T	D	L	H	G	I
7.	O	T	H	J	D	S	O	L	A	U	T	Z	R	G	B	Y
8.	J	L	S	A	L	M	U	I	J	T	Z	R	E	D	L	H
9.	C	H	T	E	W	K	L	G	H	D	I	O	U	T	R	W
10.	F	R	E	H	L	A	P	X	Y	V	C	D	R	T	K	O

3. Der Zwei-d / bq-Test

Bei den nun folgenden Buchstabenreihen müssen alle »d«, die durch zwei Striche gekennzeichnet sind, markiert werden. Dabei geht es um folgende »d«:

"	'	
d	d	d
	'	"

»d«, die mehr oder weniger als zwei Striche haben (oben / unten), dürfen nicht markiert werden, ebenso wenig wie alle »b« und »q«.

Bitte notieren Sie am Zeilenrand jeweils die Anzahl der markierten »d«.

Für 10 Aufgaben haben Sie 4 Minuten Zeit.

	'	'	'	'	"		"		"	'	"		"						'		'				'	
1.	d	b	q	d	q	b	b	q	q	d	q	b	d	b	b	q	d	b	q	q	d	b	q	b	d	......
	'	'	'	'	'			'		'		'		'		'	'			"	"	"	"	"	'	

	'	'	"			'		"		'	'	"	'		'	'		"		'		'	"	'	'	
2.	b	d	q	q	b	d	d	q	d	b	q	d	b	d	q	b	d	q	q	d	b	b	d	q	b	......
		'		'	'	'	"	'	'	'	'		'	"	'	'	'	'	"	'	"	'		'	'	

	"			'		'		'	'	"			"	'		'	'			'		'		'	"	
3.	d	d	b	q	q	b	d	q	b	d	d	q	b	q	b	d	b	q	b	d	q	d	d	b	q	......
		'			"	'	"	'	'		'	'		'		"	'		"	'	'	'	"	'		

	'	"	'	'	'	'	"	'	'	"	"	'	'	'	'	"	'		'	'	"	'	'		'	
4.	b	d	b	q	d	b	d	q	d	q	d	d	b	q	d	q	d	b	q	b	d	d	q	b	d	......
	'		'	'	'	'		'	'	'	'	'	'	'	'	'	"	"	"	'	'	'	'	"	"	

	'	"	'	'	"				'	'		'	"		"		'	'	"		"	"	'		"	
5.	d	b	b	d	d	d	q	b	b	d	d	b	d	d	q	q	q	b	d	d	q	q	b	q	b	......
	'		'	"		"	'	'	"	'	"	'		'	'	"	'	'		'	'	'		'		

	'		"				"	'	"			"	'		"	'	'	'	"	"	"	'		'	"	
6.	b	d	d	d	b	q	d	d	q	b	q	q	b	q	b	b	q	b	d	b	d	d	q	b	q	......
	'	"		'	"	"		'		'		'		'		'	'	'	'	'	"	'	"	'	'	

	"			'	'	'	"		"					'	'	"	"	'	'	"		"	'	"	'	
7.	q	q	b	b	d	b	d	d	q	q	d	q	d	q	b	d	q	q	b	d	d	q	d	b	d	......
		'	'	"	'	'		'	'	"	"	"	"	'	'		'	'	'		'	'	"	'	'	

	"	'	'	"		'	"	'	'	'		'	"		"	'		"	'	'	'	'	"		"	
8.	q	q	b	d	d	d	b	b	d	b	q	b	d	d	q	b	d	q	q	b	q	b	d	d	q	......
	'	'	'		'	'		'	"		'	'		'	'	"	"	'	'	'	'	'		'	'	

	'	'	"		"	"	'		'	'	"	'	'	"		"		'		"	'		'	"	'	
9.	q	b	d	d	q	d	b	d	q	b	d	q	b	d	d	q	b	q	q	d	b	d	b	d	q	......
	'	'		'	'		'	"	'	'	'	'	'		'	'			"		'	"	'	'	'	

	'	'		'	"	'	'	"		"	'		"	'		'	'		'	'	"		"	"	'	
10.	b	d	d	b	d	q	b	d	d	q	d	q	d	b	d	q	b	b	q	b	d	d	q	d	d	......
	"	'	"	'		'	'		'	'	'	"		'	"	'	'	"	'	'		'	'		'	

4. Rechen-Konzentrations-Leistungs-Test

Diese Aufgaben sind nach folgendem System zu lösen:
Die obere Zeile wird zuerst ausgerechnet. Das Ergebnis darf nicht aufgeschrieben werden, sondern muss »im Kopf behalten« werden. Nun ist die untere Zeile dran. Auch hier das Ergebnis ausrechnen und merken. Jetzt gilt folgende Regel: Stets ist die kleinere Zahl von der größeren abzuziehen, und nur dieses Ergebnis ist neben der Aufgabe zu notieren. Es dürfen keine Nebenrechnungen aufgeschrieben oder sonst irgendwelche Notizen gemacht werden. Sind beide Zahlen gleich groß, lautet das Ergebnis 0.
In der Testrealität erwarten Sie weit über 200 Aufgaben dieses Typs mit einer Bearbeitungszeit von etwa 30 bis 45 Minuten.

1. Beispiel:
8 + 2 – 4
7 – 5 + 2 Ergebnis 2

Obere Zeile: Ergebnis 6
Untere Zeile: Ergebnis 4
6 – 4 = 2
(Nur die 2 darf als Lösung hingeschrieben werden.)

2. Beispiel:
5 – 4 + 1
9 + 6 – 7 Ergebnis 6

Obere Zeile: Ergebnis 2
Untere Zeile: Ergebnis 8
8 – 2 = 6
(Nur die 6 darf als Lösung hingeschrieben werden. Da 2–8 ein negatives Ergebnis zur Folge hätte, müssen die beiden Zahlen vertauscht werden.)

Für 26 Aufgaben haben Sie 5 Minuten Zeit.

1. 7 + 9 – 3
8 – 5 + 3 ....

2. 8 – 5 + 9
5 + 9 – 5 ....

3. 6 + 8 – 6
7 + 5 – 6 ....

4. 2 + 7 – 4
6 + 3 – 2 ....

5. 5 – 3 + 8
3 + 5 + 7 ....

6. 5 + 9 + 6
9 – 5 + 2 ....

7. 8 + 6 – 4
7 – 5 + 7 ....

8. 2 + 4 – 5
8 – 4 + 8 ....

9. 3 + 5 – 3
5 – 3 + 8 ....

10. 2 + 6 + 7
5 – 3 + 7 ....

11. 3 + 8 + 4
2 + 5 – 3 ....

12. 2 + 9 – 7
8 – 4 + 2 ....

13. 9 – 7 + 8
4 + 9 – 2 ....

14. 4 + 9 – 5
3 + 7 + 9 ....

15. 5 – 3 + 8
6 + 7 – 5 ....

16. 5 – 2 + 9
4 + 8 + 6 ....

17. 5 – 2 + 1
2 + 7 – 5 ....

18. 7 + 7 – 8
9 – 5 + 4 ....

19. 2 + 5 – 4
4 + 7 – 9 ....

20. 7 – 3 – 3
9 + 7 + 1 ....

21. 5 + 8 – 6
4 – 2 + 9 ....

22. 4 + 5 + 2
8 – 6 + 9 ....

23. 8 – 3 + 7
7 – 2 + 9 ....

24. 7 + 8 + 6
5 + 7 – 3 ....

25. 4 + 8 + 6
9 – 7 + 8 ....

26. 7 + 6 + 5
9 – 6 + 4 ....

5. Gesichter beobachten

Schauen Sie sich doch bitte mal die drei Gesichter in der folgenden Beispielaufgabe genau an. Zwei der drei Gesichter sind gleich, das dritte unterscheidet sich von den beiden anderen deutlich.

Beispiel:

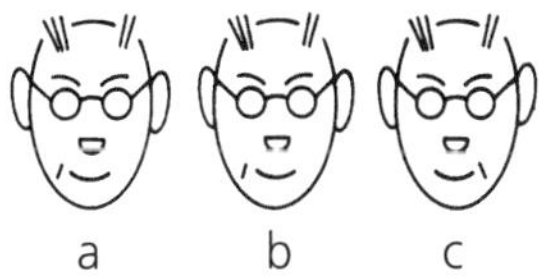

a b c

Lösung: c (der Mund)

Beachten Sie bitte, dass das gesuchte Gesicht sich von den anderen beiden deutlich unterscheiden muss. Etwas wurde verändert, hinzugefügt oder weggelassen. Minimale Unterschiede in der Zeichnung (z. B. Strichlänge oder Form) haben keine Bedeutung.

Für 24 Aufgaben haben Sie 4 Minuten Zeit.

1.

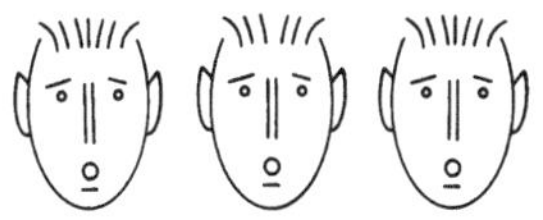

a b c

2.

a b c

3.

a b c

4.

a b c

5.

a b c

6.

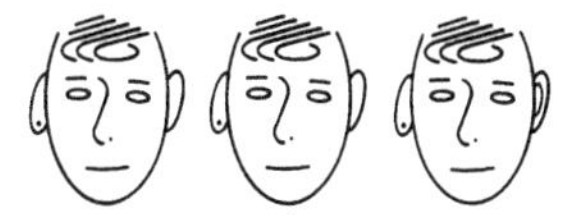

a b c

7.

a b c

8.

a b c

9.

a b c

10.

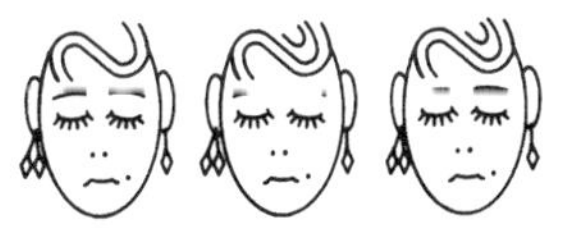

a b c

11.

a b c

12.

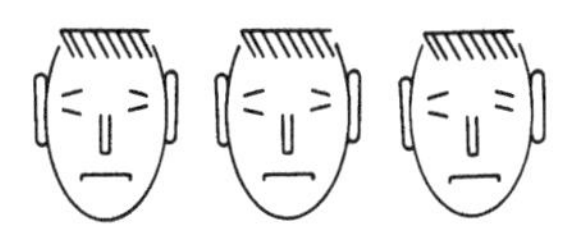

a b c

13.

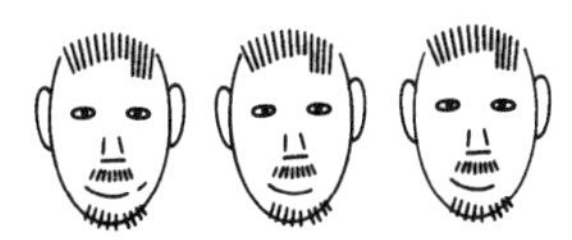

a b c

14.

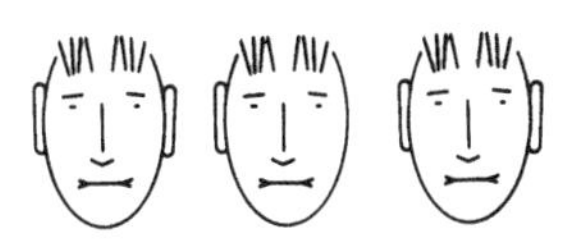

a b c

15.

a b c

16.

a b c

17.

a b c

18.

a b c

19.

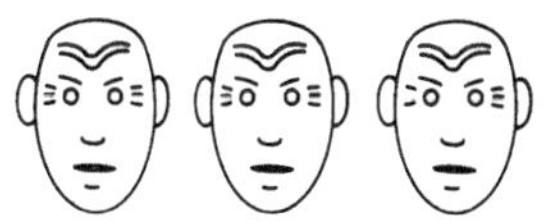

a b c

20.

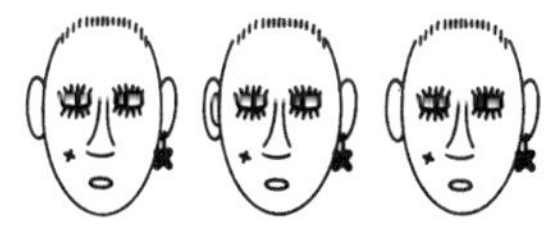

a b c

21.

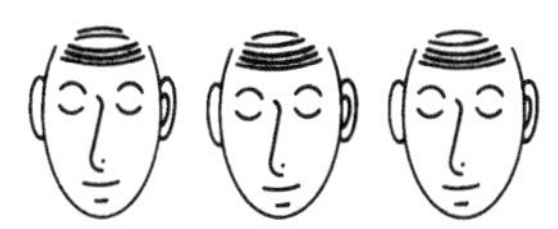

a b c

22.

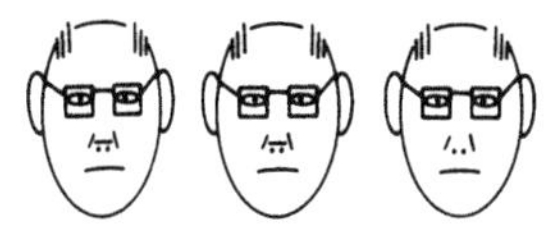

a b c

23.

a b c

24.

a b c

6. Rechts- und Linksabbiegen

Hier gilt es, Kurven auszuzählen – natürlich unter einem enormen Zeitdruck.

Das erste folgende Übungsbeispiel zeigt die Rechtskurven, die hier zu zählen sind, und ist deshalb mit einem R gekennzeichnet. Beim zweiten Bild sollen die Linkskurven (L) gezählt werden. Die Aufgabe beginnt mit dem Zählen der Rechtskurven. Bei einem zweiten Durchgang mit zeitlichem Abstand dürfen Sie dann die Linkskurven auszählen (aber ohne Tricks und Hilfsmittel wie Zeichnungen etc.).

Beispiel:

R

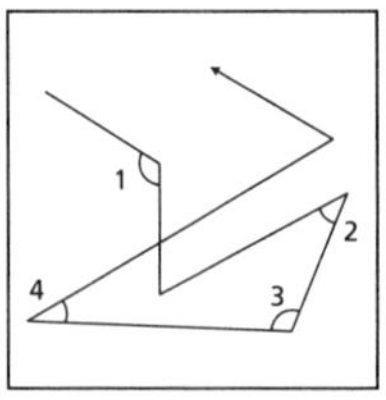

L

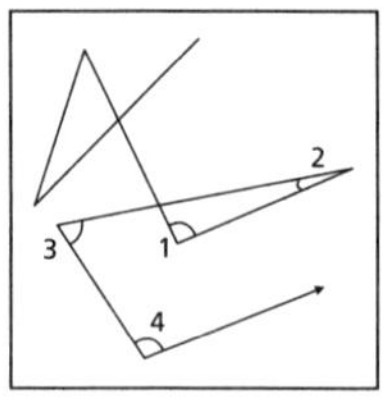

Für 20 Aufgaben haben Sie 4 Minuten Zeit.
Bitte zählen Sie alle Rechtskurven!

1.

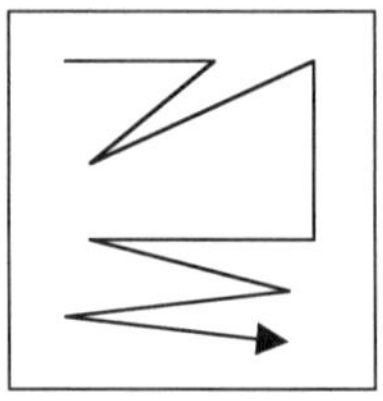

2.

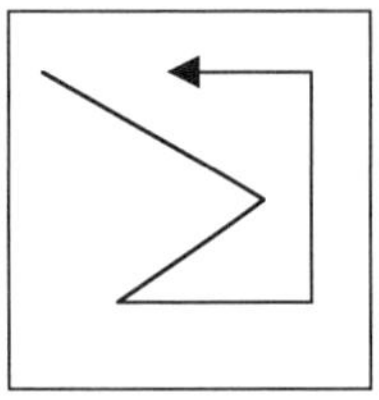

3.

4.

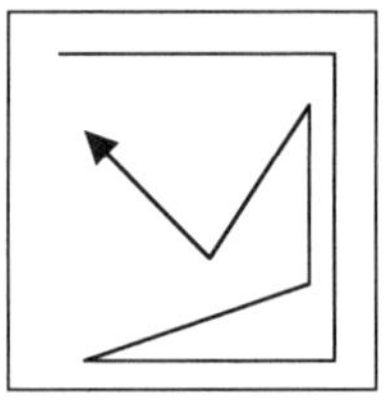

5.

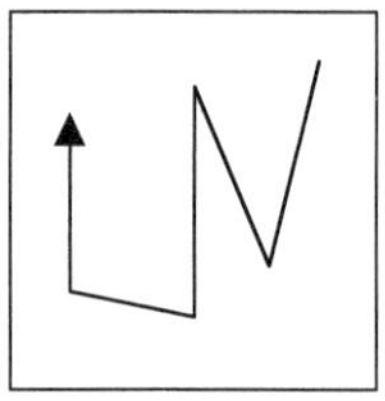

6.

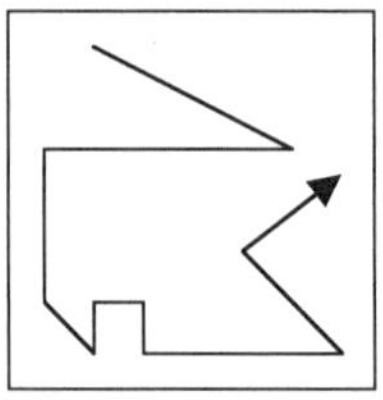

7.

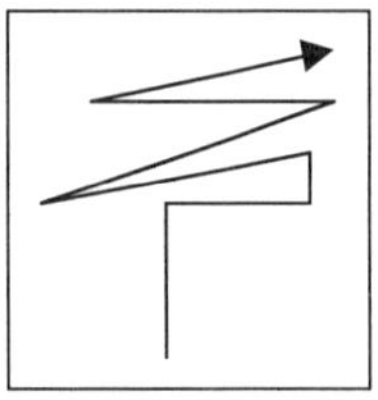

8.

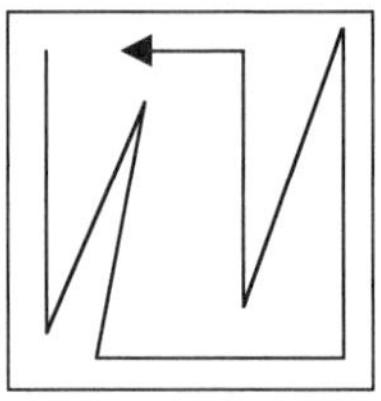

9.

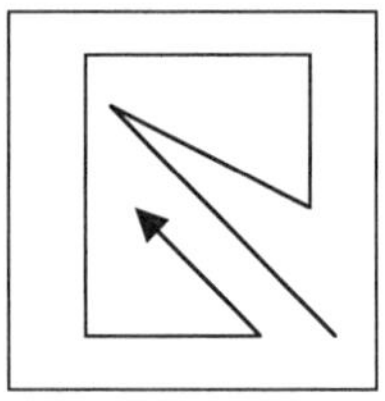

10.

11.

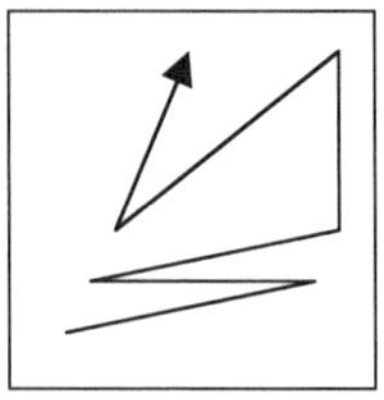

12.

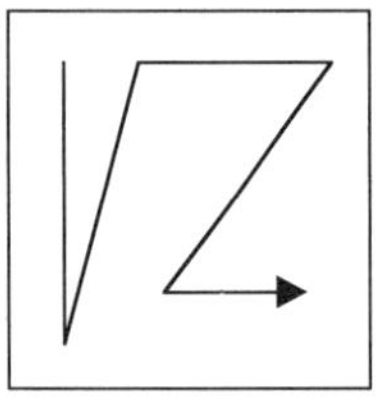

13.

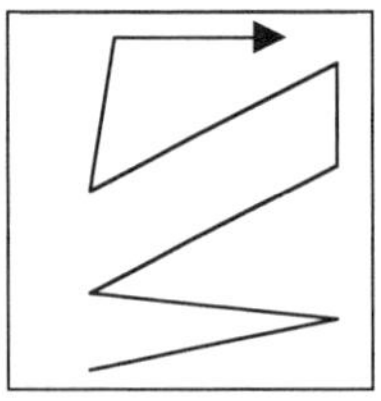

14.

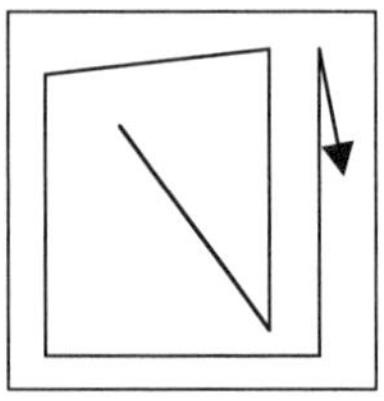

15.

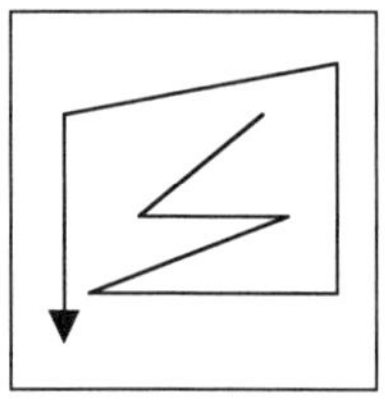

16.

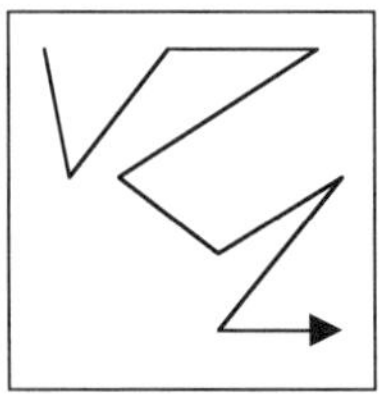

17.

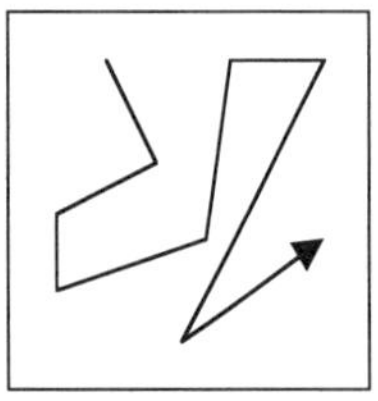

18.

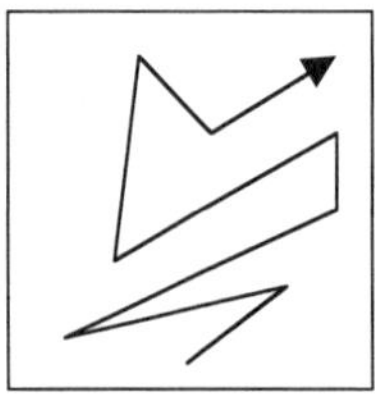

19.

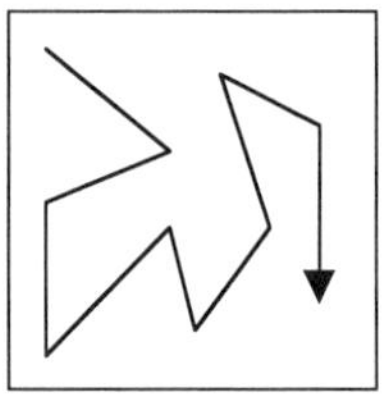

20.

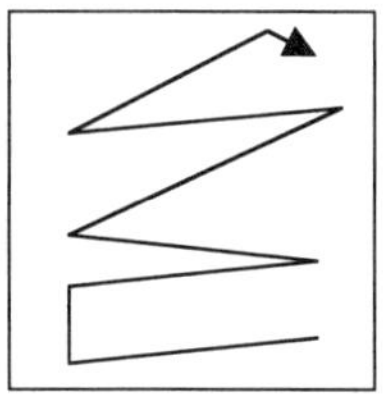

Nach etwa 30 Minuten zählen Sie nun bitte alle Linkskurven.

7. Listenüberprüfung

Ihnen werden eine Original-Artikelliste eines Damenoberbekleidungsgeschäftes und deren Abschrift vorgelegt. Ihre Aufgabe ist es, die Abschrift mit dem Original zu vergleichen. Alle Fehler sind zu unterstreichen und pro Abschriftzeile insgesamt auszuzählen und in die rechte Außenspalte einzutragen.

Beispiele:

Original

Artikel	Größe	Bestellnr.	Lieferbar
Rock mit Nadelstreifen in Patch-Optik	34–46	254473	in 3 Wochen
Ledergürtel mit attraktiver Schließe	70–100	285448	sofort

Abschrift

Artikel	Größe	Bestellnr.	Lieferbar
Rock mit Nadelstreifen in Patch-Opptik	34–46	254473	in 3 Wochen
Ledergürtel mit attraktive Schließe	70–100	285548	sofort

Lösung

Artikel	Größe	Bestellnr.	Lieferbar	Fehler
Rock mit Nadelstreifen in Patch-Opptik	34–46	254473	in 3 Wochen	1
Ledergürtel mit attraktive_ Schließe	70–100	285548	sofort	2

Für diese Aufgabe haben Sie 12 Minuten Zeit.

Original

Artikel	Größe	Bestellnr.	Lieferbar
Nadelstreifen-Blazer	34–46	224878	in 3 Wochen
Hose mit Nadelstreifen	34–46	420651	sofort
Schnürpumps in Antikoptik	36–42	322672	sofort
Schnürpumps in Antikoptik	36–42	70567	in 3 Wochen
Bluse aus zweifarbigem Gewebe	34–46	144492	in 3 Wochen
Rollkragen-Pullover mit Halbarm	32–46	160217	in 3 Wochen
Hose mit Nadelstreifen	34–46	99343	in 3 Wochen
Rock mit Nadelstreifen in Patch-Optik	34–46	254473	in 3 Wochen
Ledergürtel mit attraktiver Schließe	70–100	285448	sofort
Weste im Trachtenlook	34–48	491159	sofort
Trachtenbluse, aufwendig verarbeitet	34–48	439911	sofort
Trachtenrock mit Seitenschlitzen	34–48	476259	sofort
Schoppersocken	35–42	445191	sofort
Miedergürtel aus Glattleder	70–100	327930	sofort
Trekkingstiefelette aus Veloursleder	36–42	208566	in 3 Wochen
Karo-Hemdbluse mit Stickerei	34–48	429882	sofort
Trachtenhose mit Gürtelschlaufen	34–48	480629	sofort
Janker aus kuschelweichem Material	34–48	361592	sofort
Gürtel aus Veloursleder	70–100	296837	sofort
Rollkragenpullover in legerer Form	34–50	338638	sofort
Karo-Hemdbluse mit Stickerei	34–48	365471	sofort
Karo-Hemdbluse mit Stickerei	34–48	398228	sofort
Janker aus kuschelweichem Material	34–48	102839	in 3 Wochen
Trachtenhose mit Gürtelschlaufen	34–48	87842	in 3 Wochen
Bluse mit Spitze	34–44	305378	sofort
Blazer in Fischgrätoptik	34–48	218443	in 3 Wochen
Hose in Fischgrätmuster	34–48	438700	sofort
Bluse mit Spitze	34–44	492373	sofort
Rock mit Fischgrätmuster	34–48	204135	in 3 Wochen
Jacquard-Pullover mit Stehkragen	32–50	418467	sofort
Hose in Fischgrätmuster	34–48	370853	sofort
Sweatshirt aus Frottee	36–42	252040	in 3 Wochen
Freizeitschuh im Materialmix	36–42	386280	sofort
Sweatshirt mit Kapuze	36–44	258682	in 3 Wochen
Freizeitschuh im Materialmix	36–42	119911	in 3 Wochen
Schoppersocken	35–42	255999	in 3 Wochen
Jacke aus Lederimitat	32–44	269362	in 3 Wochen
Hose mit Schlag	32–44	9410	in 3 Wochen
Shirt mit Polokragen	32–44	18058	in 3 Wochen
Pumps in Antik-Optik	36–42	325991	sofort
Shirt mit Polokragen	32–44	168037	in 3 Wochen
Hose mit aufgesetzten Taschen	32–46	394956	sofort
Tasche aus Lacksynthetik	–alle–	472634	sofort

Abschrift

Artikel	Größe	Bestellnr.	Lieferbar	Fehler
Nadelstreifen-Blazer	34–46	214878	in 3 Wochen	.....
Hosen mit Nadestreifen	34–46	420651	sofort	.....
Schnürpömps in Antikoptik	36–42	322672	sofot	.....
Schnürpumps in Antikoptik	36–42	705670	in 3 Wochen	.....
Bluse aus zweifabigem Gewebe	34–42	144442	in 3 Wochen	.....
Rolllkragen-Pullover mit Halbarm	32–46	160217	in 3 Woohen	.....
Hose mit Nadelstreifen	34–46	999343	in 3 Wochen	.....
Rock mit Nadelstreifen in Patsch-Optik	34–46	254473	in 3 Wochen	.....
Ledergürtel mit attraktiver Schleiße	70–110	285448	sofort	.....
Weste im Trachtenlock	34–48	491159	sofort	.....
Trachtenbluse, aufwenig verarbeitet	34–46	439911	sofort	.....
Trachtenrock mit Seitenschlietzen	34–48	476229	sofort	.....
Schopperssocken	35–42	445191	sofort	.....
Miedergürtel aus Glatzleder	70–100	37930	sofort	.....
Trekkingsstiefelette aus Velursleder	36–46	208556	in 3 Wochen	.....
KaroHemdbluse mit Stickerei	34–46	429882	sofo t	.....
Trachtenhose mit Gürtelschaufen	34–48	480629	sofort	.....
Janker aus kuschelweichem Material	34–48	361692	sofort	.....
Gürtel aus Veloursreder	70–100	296887	sofort	.....
Rollkragenpullover in legerrer Form	34–40	338668	sofort	.....
Karo-Hemdbluse mit Sticker i	34–40	365471	sofort	.....
Karo-Hemdbluse mit Stickerei	34–48	398288	sofort	.....
Janker aus kuschelweichem Materal	34–48	112839	in 3 Wochen	.....
Trachtenlose mit Gürtelschlaufen	34–46	187842	in 3 Wochen	.....
Bluse mit Spitzen	34–46	305576	sofort	.....
Blazer in Frischgrätoptik	34–48	218443	in 3 Woch n	.....
Hose in Fischgiätmuster	34–48	43870	sofort	.....
Bluse mit Spritze	34–44	492373	sofort	.....
Rock mit Fischgrätmusster	34–46	204105	in 3 Wochen	.....
Jacquard-Pullover mit Stehkragen	32–50	418467	sofort	.....
Hose in Fischgrätmuster	34–48	370853	sofort	.....
Swaetshirt aus Frottee	36–42	252040	in 3 Wochen	.....
Freizeitschuh im Materialmix	36–42	386280	sofort	.....
Sweatshirt mit Krapuze	36–44	258682	in 3 Wochen	.....
Freizeitschuh im Materialmix	36–42	119911	in 3 Wochen	.....
Schopperstocken	35–42	255599	in 3 Wochen	.....
Jacke aus Lederimtat	32–44	269362	in 3 Wochen	.....
Hose mit Schlag	32–44	94510	in 3 Wochen	.....
Shirt mit Prolokragen	32–44	148058	in 3 Wochen	.....
Pumps in Antik-Optik	36–42	325991	sofort	.....
Shirt mit Polokragen	32–46	16837	in 3 Wochen	.....
Hose mit aufgesetzen Taschen	32–46	394956	sofort	.....
Tasche aus Lachsynthetik	–alle–	452634	sofort	.....

8. Zahlensuche

Bei dieser Aufgabe geht es darum, alle (aus zwei Zeilen bestehenden) Zahlenblöcke herauszusuchen, die folgende Bedingungen erfüllen:

1. obere Zeile im Bereich von 0,1600 bis 0,3350 und
2. untere Zeile > 240.

Beispiel:

A	B	C	D	E	F	G
0,1434	2,4773	0,5540	0,8555	0,2156	0,2320	3,1843
(131)	(140)	(245)	(222)	(450)	(231)	(220)
○	○	○	○	⊗	○	○

Lösung: E
Die Lösungen sind entsprechend der Position in das Lösungsschema einzutragen.

Lösungsschema:

	A	B	C	D	E	F	G
1	○	○	○	○	○	○	○
2	○	○	○	○	○	○	○
3	○	○	○	○	○	○	○
4	○	○	○	○	○	○	○
5	○	○	○	○	○	○	○
6	○	○	○	○	○	○	○
7	○	○	○	○	○	○	○
8	○	○	○	○	○	○	○
9	○	○	○	○	○	○	○
10	○	○	○	○	○	○	○
11	○	○	○	○	○	○	○
12	○	○	○	○	○	○	○
13	○	○	○	○	○	○	○
14	○	○	○	○	○	○	○
15	○	○	○	○	○	○	○

Für 15 Aufgaben haben Sie 5 Minuten Zeit.

	A	B	C	D	E	F	G
1	0,1124 (243)	1,2260 (134)	0,8920 (326)	0,2572 (673)	1,1502 (215)	0,7221 (451)	9,6600 (534)
2	1,1576 (345)	0,2456 (267)	0,3051 (904)	0,1050 (762)	0,8060 (267)	0,4562 (156)	0,8742 (450)
3	0,1995 (135)	0,2950 (945)	0,2456 (456)	0,1670 (229)	0,2458 (192)	0,5470 (235)	0,2245 (210)
4	0,4672 (256)	0,2178 (230)	0,1645 (674)	0,1296 (236)	0,6281 (456)	0,7239 (330)	0,2980 (506)
5	0,2113 (845)	0,1565 (103)	1,1452 (506)	0,1672 (220)	0,1990 (206)	0,2147 (298)	0,2001 (245)
6	0,1750 (556)	0,7810 (348)	0,3450 (453)	0,1240 (249)	0,2361 (335)	0,6712 (863)	0,1265 (437)
7	0,1602 (215)	0,1279 (349)	0,2107 (317)	0,1456 (268)	0,1562 (654)	0,1376 (159)	0,7619 (560)
8	0,2789 (229)	0,5623 (658)	0,2935 (123)	0,3250 (569)	0,3103 (437)	0,2956 (216)	0,3345 (231)
9	0,3859 (299)	0,2217 (115)	1,1355 (564)	0,2459 (209)	0,3102 (158)	0,1925 (211)	0,2376 (391)
10	0,2568 (075)	0,3127 (213)	0,2547 (192)	0,1934 (298)	3,2458 (545)	1,2983 (875)	0,2884 (739)
11	0,1995 (135)	0,2950 (945)	0,2456 (456)	0,1670 (229)	0,2458 (192)	0,5470 (235)	0,2245 (210)
12	0,4672 (256)	0,2178 (230)	0,1645 (674)	0,1296 (236)	0,6281 (456)	0,7239 (330)	0,2980 (506)
13	0,2003 (845)	0,1560 (103)	0,1452 (506)	0,1672 (220)	0,1990 (206)	0,2147 (298)	0,2001 (245)
14	0,1750 (556)	0,7810 (348)	0,3450 (453)	0,1240 (249)	0,2361 (335)	0,6712 (863)	0,1265 (437)
15	0,1708 (125)	0,1279 (349)	0,2107 (317)	0,1456 (268)	0,1562 (654)	0,1376 (159)	0,7619 (560)

9. Post, Porto und Tarife

Von Hamburg aus, dem Tor zur Welt, sind verschiedene Postsachen (Briefe, Telegramme, Pakete etc.) zu verschicken. Ihre Aufgabe besteht darin, die Post- bzw. Frachtgebühr anhand von Tabellen zu ermitteln. Durch unterschiedliche Beförderungsarten (z. B. Eilzustellung) wird alles etwas schwieriger. Hinzu kommt noch, dass gerade in dem Augenblick, in dem Sie an die Arbeit gehen wollen, eine Tarifänderung ins Haus steht. Aber sehen Sie selbst:

Beförderungsgegenstände

Drucksache	1
Postkarte	2
Brief	3
Telegramm	4
Päckchen (bis 2000 g)	5
Paket (bis 5000 g)	6
(über 5 kg–10 kg)	7
(über 11 kg–15 kg)	8

Bestimmungsorte

	km von Hamburg aus
A	10
B	20
C	50
D	100
E	150
F	180
G	200
H	400
I	900
J	1000
K	1500
L	2500

Beförderungsart / Zuschläge

Einschreiben	5
Luftpost	3
Eilzustellung	5
Auslandszuschlag	4
Versicherungszuschlag bei Wertsachen	8

Kilometer / Tarife

Entfernung	Tarifwert
0–10 km	1
11–50 km	2
51–100 km	3
101–500 km	4
501–1000 km	5
über 1000 km	6

Tarife

Tarifwerte	Gebühreneinheit (GE) bis 31.12.	Gebühreneinheit (GE) ab 1.1.
1	0,50	0,70
2	0,90	1,00
3	1,20	1,50
4	2,20	2,50
5	2,50	2,80
6	3,00	3,40
7	3,50	3,90
8	4,00	4,50
9	4,70	5,00
10	5,10	5,60
11	5,90	6,10
12	6,80	7,10
13	7,50	7,90
14	8,10	8,50
15	8,90	9,70
16	10,00	10,40
17	10,50	10,80
18	12,50	13,00
19	15,00	18,00
20	18,50	18,90
21	19,20	19,60
22	20,40	20,90
23	21,70	22,00
24	22,20	22,60
25	22,90	23,10

1. Beispiel:

Ein Brief soll am 31.12. von Hamburg aus nach D geschickt werden. Wie hoch ist die anfallende Gebühreneinheit (GE)?

Brief Tarifwert	3
nach D 100 km	+ 3
	= 6 am 31.12. = 3,00 GE

2. Beispiel:

Ein Telegramm soll am 1.1. von Hamburg nach I geschickt werden.

Telegramm Tarifwert	4
nach I 900 km	+ 5
	= 9 am 1.1. = 5,00 GE

Für 22 Aufgaben haben Sie 8 Minuten Zeit. (Wie hoch sind jeweils die GE?)

1. Eine Postkarte ist am 29.12. auf den Weg nach G. ....
2. Ein Telegramm wird am 13.1. nach J ins Ausland (Zuschlag!) geschickt. ....
3. Nach D soll ein Luftpost-Brief am 4.1. versandt werden. ....
4. Ein Brief soll per Luftpost nach E am 30.12. geschickt werden. ....
5. Ein 1100 g schweres Päckchen soll ins Ausland nach H geschickt werden (vor dem 1.1.). ....
6. Ein Paket muss per Eilzustellung am 30.12. in C sein. Es wiegt 4,9 kg. ....
7. Eine Postkarte wird am 2.1. ins Ausland nach J geschickt. ....
8. Ein Telegramm soll nach H ins Ausland am 31.12. geschickt werden. ....
9. Ein 5,5 kg schweres Einschreiben-Paket soll per Luftpost ins Ausland am 5.1. nach J versandt werden. ....
10. Eine Drucksache soll mit Auslandszuschlag am 2.1. nach E geschickt werden. ....
11. Ein Luftpost-Eilzustellungspäckchen von 800 g soll ins Ausland geschickt werden, am 3.1. nach H. ....
12. Am 1.1. soll eine Postkarte nach B per Eilzustellung den Empfänger erreichen. ....
13. Ein Eilzustellungs-Luftpostpaket (15 kg) soll am 30.12. ins Ausland nach G versandt werden. ....
14. 6000 g wiegt ein Paket, das per Einschreiben ins Ausland nach I geht und noch vor dem 30.12. eintreffen soll. ....
15. Per Luftpost wird ein Päckchen nach F am 2.1. versandt. ....
16. Ein versichertes Wertpaket (10 kg) wird am 1.12. ins Ausland nach L verschickt. ....
17. Ein Wertbrief soll per Einschreiben am 30.1. nach K versandt werden. ....
18. Ein Paket über 13 kg soll am 28.12. nach K verschickt werden. ....
19. Am 3.1. soll eine Postkarte als Einschreiben nach E versendet werden. ....
20. Nach L soll ein Luftpost-Brief am 31.12. verschickt werden. ....
21. Ein Päckchen wird am 6.1. ins Ausland nach J verschickt. ....
22. Ein Telegramm wird am 8.12. nach D aufgegeben. ....

10. Rechenarten einfügen

Teil A

In diesem Test bekommen Sie verschiedene Zahlen und ein Endergebnis präsentiert. In die Lücken zwischen den Zahlen müssen Sie die Rechenoperatoren eintragen, die am Schluss das angegebene Endergebnis ergeben. Dabei wird jeweils nur addiert und subtrahiert. Multiplikationen oder Divisionen finden nicht statt. Beachten Sie bitte, dass Sie bei diesem Test vermutlich nicht alle Aufgaben lösen können. Das ist so beabsichtigt. Lassen Sie sich nicht verunsichern.

Beispiel 1

5 ___ 5 ___ 10 = 20

Um die Aufgabe richtig zu lösen, müssen Sie jeweils im ersten und im zweiten Feld addieren, also ein »+« einfügen.

5 + 5 + 10 = 20

Beispiel 2

25 ___ 10 ___ 2 = 17

Um die Aufgabe richtig zu lösen, müssen Sie erst subtrahieren, danach addieren.

25 – 10 + 2 = 17

AUFGABEN

Für 6 Aufgaben haben Sie 1 Minute Zeit.

1. 2 ___ 4 ___ 10 = 16

2. 25 ___ 6 ___ 1 = 20

3. 7 ___ 7 ___ 10 = 4

4. 19 ___ 7 ___ 2 = 14

5. 20 ___ 30 ___ 7 = 57

6. 17 ___ 9 ___ 2 = 6

Teil B

Nachdem Sie im vorigen Test bereits Rechenarten einfügen und mittels der Addition und Subtraktion eine korrekt gelöste Gleichung erstellen sollten, kommt in diesem Teil auch die Multiplikation und Division hinzu. Gleichzeitig werden die auszuführenden Operationen erweitert und es gilt nun die Regel »Punkt vor Strich«.

Beispiel 1

2 ___ 3 ___ 5 = 17

Um die Aufgabe richtig zu lösen, müssen Sie zuerst 3 · 5 rechnen (Punkt vor Strich) und danach die 2 addieren, also ein »+« einfügen. Korrekt geschrieben erhalten Sie nun folgende Lösung:

2 + 3 · 5 = 17

Beispiel 2

8 ___ 4 ___ 2 = 10

Rechnen Sie hier zunächst 4 : 2 und addieren dann die 8, so erhalten Sie folgende richtige Lösung:

8 + 4 : 2 = 10

Theoretisch kann es vorkommen, dass es mehrere Wege gibt, mit den gegebenen Zahlen zum gesuchten Ergebnis zu kommen. In diesem Fall werden auch unterschiedliche Lösungen als korrekt gewertet.

AUFGABEN

Für 6 Aufgaben haben Sie 2 Minuten Zeit.

1. 2 ___ 3 = 5

2. 2 ___ 3 = 6

3. 6 ___ 4 ___ 4 = 14

4. 4 ___ 2 ___ 4 = 12

5. 15 ___ 3 ___ 5 = 9

6. 26 ___ 3 ___ 2 = 156

Gedächtnisleistungs-Testaufgaben

Bei diesen Gedächtnistests geht es um Ihre Merkfähigkeit. Oftmals sollen Sie sich Zahlen, Bilder, Geschichten, Symbole oder Kombinationen aus diesen und anderen Dingen merken, und zu einem späteren Zeitpunkt reproduzieren. Sie werden schnell feststellen, dass Sie durch ein bisschen Training Ihre Leistungen stark verbessern können.

1. Zahlen merken

Jetzt ist Ihr Kurzzeitgedächtnis für Zahlen gefragt. Bitte prägen Sie sich die folgenden zweistelligen Zahlen ein.

Für diese Aufgabe haben Sie 1 Minute Zeit.

12	14	16	34	35	41	49	51
57	68	73	77	81	88	94	97

Fertig?
Dann verdecken Sie nun die oberen Zahlen mit einem Blatt und tragen Sie die gemerkten Zahlen in beliebiger Reihenfolge in die untenstehenden Lösungsfelder ein.

Für diese Aufgabe haben Sie 1 Minute Zeit.

1. ____________________

2. ____________________

3. ____________________

4. ____________________

5. ____________________

6. ____________________

7. ____________________

8. ____________________

9. ____________________

10. ____________________

11. ____________________

12. ____________________

13. ____________________

14. ____________________

15. ____________________

16. ____________________

Geschafft! Vergleichen Sie nun Ihre mit den Originalzahlen. Wie viele konnten Sie sich erfolgreich merken? Ab 10 richtig gemerkten und wiedergegebenen Zahlen haben Sie ein gutes, ab 14 ein sehr gutes Ergebnis erzielt. Unter 8 Zahlen ist Ihr Ergebnis leider nicht ausreichend. Ab 9 Zahlen haben Sie es knapp geschafft.

2. Geometrische Figuren und Zahlen merken

Auch hier haben Sie wieder eine neue Art von einem Merkfähigkeitstest vor sich. Diesmal sollen Sie sich Zahlen merken, die in bestimmten grafischen Symbolen abgebildet sind.

Bitte prägen Sie sich nun die folgenden Figuren und Zahlen gut ein.

Für diese Aufgabe haben Sie 2 Minuten Zeit.

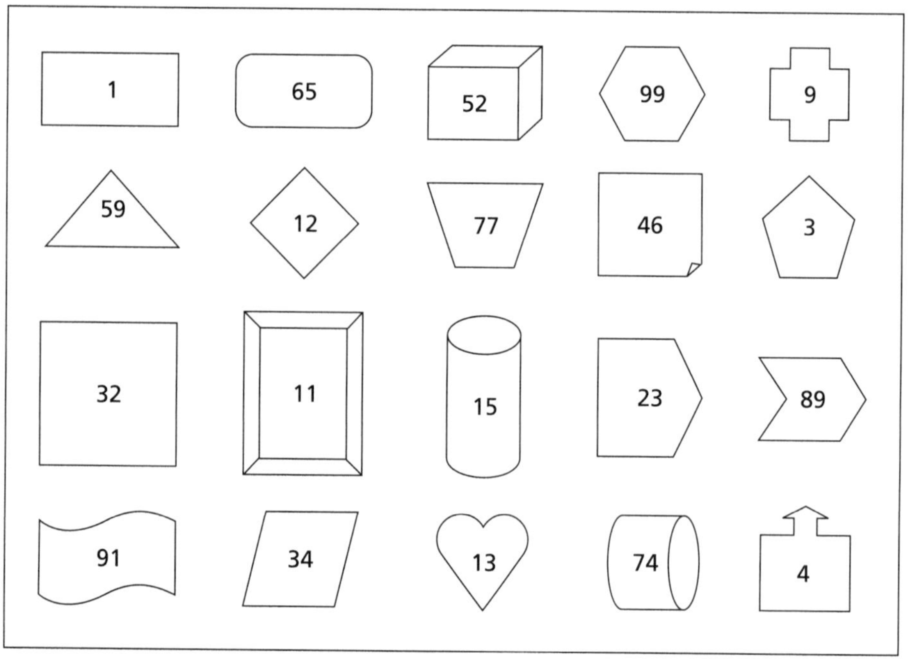

Nach 2 Minuten decken Sie die Zeichnung oben zu und tragen nun die entsprechende Zahl in die entsprechende Figur ein.

Vergleichen Sie diese anschließend mit den Originalzahlen.

Für diese Aufgabe haben Sie 1 Minute Zeit.

Zu Ihrem Ergebnis: Ab 10 richtigen Zuordnungen (die richtige Zahl steht in der richtigen Form) haben Sie es geschafft, weniger wäre nicht ausreichend. Ab 13 sind Sie gut, ab 16 sehr gut!

3. Stadtplantest

Dieser Test findet für gewöhnlich am PC statt, er lässt sich aber auch auf Papier durchführen. Auf dem Bildschirm wird Ihnen ein Stadtplan gezeigt, auf dem verschiedene Gebäude o. Ä. durch Symbole markiert sind. Ihre Aufgabe ist es, sich die Lage der Symbole genau zu merken und anschließend deren Position möglichst exakt aus dem Gedächtnis in einen »leeren« Plan einzutragen. Hierbei gibt es einen gewissen Toleranzbereich, in dem Ihre Eingaben noch als richtig gewertet werden.

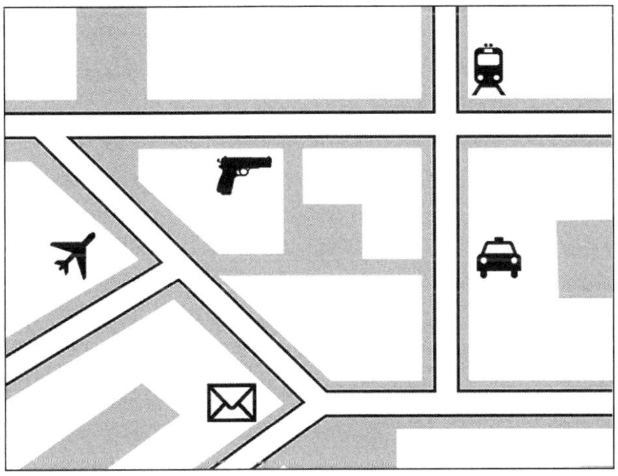

Rechnen Sie damit, dass die Einprägezeit für die Symbole zunächst etwas länger ist, ca. 30 Sekunden, und anschließend kontinuierlich verkürzt wird. Gleichwohl werden Sie zunächst mit nur wenigen Symbolen beginnen, die in der Anzahl dann stetig zunehmen.

Decken Sie jetzt den Stadtplan mit den Symbolen ab und tragen Sie in den folgenden »leeren« Stadtplan die Symbole aus dem Gedächtnis ein.

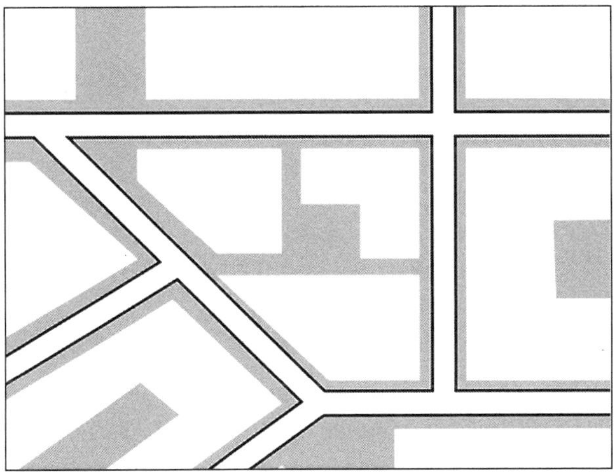

Tipp:
Die Symbole sind meist auf einer Art Kreisbahn angeordnet und können so im Uhrzeigersinn leichter gemerkt werden. Ab und zu kommt es auch zu einer Ansammlung von Symbolen an einer Stelle. Hier lohnt es sich, auf Lücke zu setzen und sich die außerhalb liegenden Symbole besonders einzuprägen und beim Rest auf den Toleranzbereich zu setzen.

Bitte lösen Sie die nun folgenden zwei Aufgaben. Zum Einprägen stehen Ihnen jeweils 15 Sekunden, zum Eintragen der Lösungen 60 Sekunden zur Verfügung. Das Feld zum Eintragen finden Sie jeweils unter dem Aufgabenbild. Zum Eintragen müssen Sie nur das Bild mit den Symbolen mit einem Blatt Papier abdecken. Schauen Sie anschließend selbst, wie gut Ihnen die Platzierung gelungen ist. Mindestens die Hälfte der Symbole sollten Sie richtig eingezeichnet haben.

1.

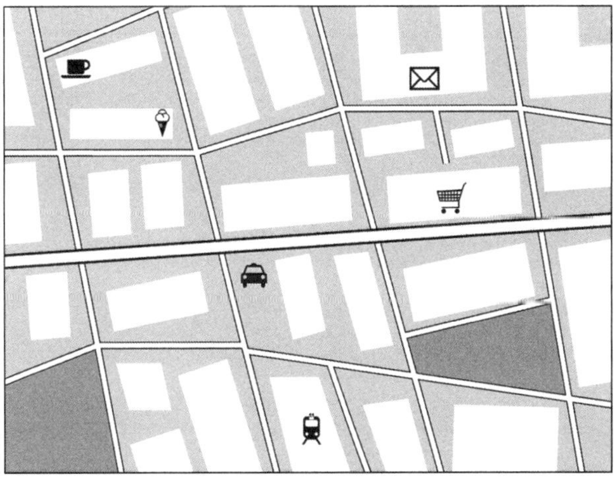

Bitte decken Sie den oberen Plan ab und zeichnen Sie hier Ihre Lösung ein.
Für diese Aufgabe haben Sie 1 Minute Zeit

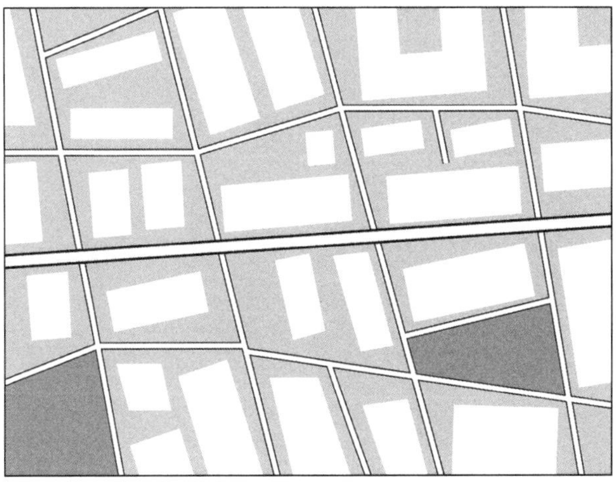

2.

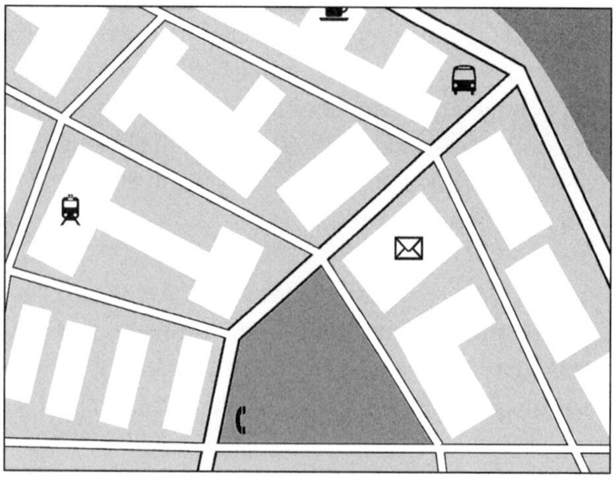

Bitte decken Sie den oberen Plan nach 15 Sekunden Einprägezeit ab und zeichnen Sie hier Ihre Lösung ein.

Für diese Aufgabe haben Sie 1 Minute Zeit

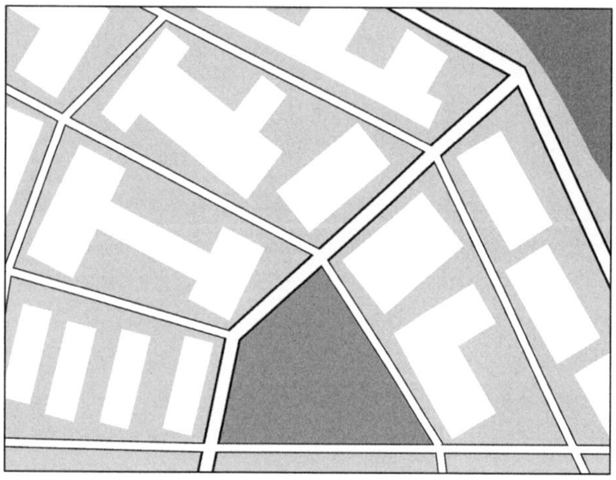

Hinweis

Alle bekannten Mnemotechniken – Reime, Bilder, Akronyme, Kodes, Merkgeschichten etc. – basieren auf drei grundlegenden Elementen: Wiederholung, Assoziation und bildhafter Vorstellung (Visualisierung). Die systematische Wiederholung ist eine einfache und erfolgreiche Methode, Wissen langfristig im Langzeitgedächtnis zu speichern. Aber Wiederholen allein reicht kaum aus und ist außerdem langweilig. Sich neuen Wissensstoff mittels einiger Gedächtnistechniken einzuprägen und durch regelmäßige Wiederholung zu unterstützen, ist eine hervorragende Möglichkeit, unser Wissen im Gedächtnis zu stabilisieren. So können wir mithilfe der Assoziationsmethode vor unserem inneren Auge, Bilder oder Zusammenhänge erzeugen, die bestimmten Sachverhalten oder Lerninhalten zugeordnet sind. Ähnlich klingende Wörter lassen sich mit dieser Methode gut merken. Wo genau sind die Stalagmiten und die Stalaktiten in einer Tropfsteinhöhle? Welches Gebilde wächst von der Decke nach unten und welches vom Grund nach oben? Einfacher zu behalten wird die Frage, wenn man sich beispielsweise folgende Assoziation merkt: Stala**g**miten stehen auf dem **G**rund, Stala**k**titen hängen von der Dec**k**e.

Büro- / Verwaltungs- / Organisations-Testaufgaben

(Lösungen Seite 141)

1. Gleichmäßiges Verteilen und Ordnen

Auf 10 Karteikästen soll eine große Menge von Karteikarten gleichmäßig verteilt werden. Dabei sind die Karteikarten nach den Anfangsbuchstaben der Kundennamen geordnet in die Karteikästen abzulegen. Bei einer Vorabdurchsicht haben Sie feststellen können, dass einzelne Buchstaben des Alphabets (die Anfangsbuchstaben der Kunden) prozentual unterschiedlich oft vertreten sind (siehe Aufstellung). Der Buchstabe Q zum Beispiel ist überhaupt nicht vertreten. Wie müssen die restlichen 25 Buchstaben des Alphabets auf 10 Karteikästen verteilt werden, wenn man die Bedingung wahren will, dass jeder Karteikasten die gleiche Menge von Karteikarten aufnimmt?

Von den Kundennamen, die auf Karteikarten stehen und in die 10 Kästen zu sortieren sind, beginnen jeweils:

2,5 % mit den Anfangsbuchstaben
D, F, H, I, J, K, N, P, R, T, V, W

3,33 % mit den Anfangsbuchstaben
Z, X, Y

5 % mit den Anfangsbuchstaben
M, B, E, C, L, O, S, U

10 % mit den Anfangsbuchstaben
A, G

Achten Sie auf die Bedingung, dass jeder Karteikasten die gleiche Menge an Karteikarten enthalten muss.

Für diese Aufgabe haben Sie 7 Minuten Zeit.

Karteikasten 1 ______________________

Karteikasten 2 ______________________

Karteikasten 3 ______________________

Karteikasten 4 ______________________

Karteikasten 5 ______________________

Karteikasten 6 ______________________

Karteikasten 7 ______________________

Karteikasten 8 ______________________

Karteikasten 9 ______________________

Karteikasten 10 ______________________

2. Sortieren

Bei dieser Aufgabe geht es um Ordnung, Konzentration und Sorgfalt. Sie bekommen drei Listen, um daraus einen Zahlencode abzuleiten. Auf der ersten sind verschiedene Studienfächer durch eine Ziffer gekennzeichnet. Ein alphabetisches Namen-Codierschema ist Gegenstand der zweiten Liste. Eine dritte Liste enthält Dozentennamen, die bestimmten Studienfächern zugeordnet sind (z. B. Dr. E. Kluge/Archäologie).

Ihre Aufgabe besteht darin, mit Hilfe der Listen eins und zwei nun die Dozenten/Studienfächer-Liste (dritte Liste) in Form von Zahlencodes umzusetzen und diese in die Spalte »Lösung«einzutragen. Alles Müller, oder was?

Beispiel:

Dr. Gernot Pfeifer ist Dozent der Elektrotechnik

Dr. Gernot Pfeifer = 22, da Buchstabe P (gemäß Liste zwei),
Elektrotechnik = 23 (gemäß Liste eins),

Lösung = 2223.

Beachten Sie bitte, dass bei den Doppelnamen der Anfangsbuchstabe des ersten Nachnamens entscheidend ist.

Für diese Aufgabe haben Sie 10 Minuten Zeit.

1. Liste: Studienfächer

01 = Medizin
02 = Philosophie
03 = Mathematik
04 = Geographie
05 = Chemie
06 = Geologie
07 = Forstwissenschaft
08 = Archäologie
09 = Ethnologie
10 = Anglistik
11 = Bibliothekswissenschaft
12 = Germanistik
13 = Psychologie
14 = Slawistik
15 = Amerikanistik
16 = Bergbau
17 = Architektur
18 = Verfahrenstechnik
19 = Physik
20 = Altamerikanistik
21 = Biotechnologie
22 = Kommunikationswissenschaft
23 = Elektrotechnik
24 = Biologie
25 = Maschinenbau
26 = Publizistik
27 = Wasserbau
28 = Umwelttechnik
29 = Politik
30 = Jura

2. Liste: Alphabetisches Namen-Codierschema

00 = Aa -Am
01 = An – Az
02 = Ba – Bo
03 = Bp – Bz
04 = C
05 = Da – Dn
06 = Do – Dz
07 = Ea – Ek
08 = El – Ep
09 = Eq – Ez
10 = Fa – Fm
11 = Fn – Fz
12 = Ga – Gz
13 = Ha – Ho
14 = Hp – Hz
15 = I – J
16 = Ka – Kl
17 = Km – Kz
18 = L
19 = Ma – Mz
20 = Na – Nm
21 = Nn – Nz
22 = O – P
23 = Q
24 = R – Sa
25 = Sb – Se
26 = Sf – St
27 = Su – Sz
28 = Ta – Tz
29 = U – W
30 = X – Z

3. Liste: Dozenten und Studienfächer Codierung **Lösung:**

01. Prof. Dr. Müller/Archäologie ....
02. Dr. G. Zacher/Verfahrenstechnik ....
03. Dr. Dr. Egon Berg/Amerikanistik ....
04. Dr. Ilse Stein/Psychologie ....
05. Prof. Dr. Peter Ellenberg/Architektur ....
06. Dr. Sybille Koch/Biotechnik ....
07. Dr. F. Sunner-Probst/Geografie ....
08. Friedhelm Heinig/Mathematik ....
09. Dr. Gernot Pfeifer/Elektrotechnik ....
10. Prof. Dr. J. Schröder-Olm/Chemie ....
11. Dr. W. Döhring/Kommunikationswissenschaft ....
12. Dr. E. Kluge/Archäologie ....
13. Brigitte Caspari/Germanistik ....
14. Elvira Norderbaum/Altamerikanistik ....
15. Prof. Dr. D. Bolle/Forstwissenschaft
16. Prof. Dr. Norbert Eisenstedt/Bergbau ....
17. Dr. Anton Himmelmeier/Verfahrenstechnik ....
18. Ulrich Tiefenbach/Philosophie ....
19. Ferdinand Undeloh/Biologie ....
20. Prof. Dr. V. Schlüsselbein/Medizin ....
21. Dr. P. Friedendorf/Politik ....
22. Dr. Dr. G. Regensberg/Jura ....
23. Prof. Dr. W. Brüning/Bibliothekswissenschaft ....
24. Dr. Karl Anton/Philosophie ....
25. Dr. Ludwig Dahrendorf/Geologie ....
26. Dr. Rudolf Sievenkrug/Ethnologie ....
27. Dr. Dr. Otto Günther/Anglistik ....
28. Dr. Volker Ludwig/Verfahrenstechnik ....
29. Prof. Dr. E. Czerminski/Umwelttechnik ....
30. Hubert Müller-Bramholz/Politik ....
31. Prof. Dr. Jochen Kamm/Biotechnik ....
32. Dr. Bärbel Zuversicht/Psychologie ....
33. Prof. Dr. Ch. Westermeier/Wasserbau ....
34. Andreas Berge-Saale/Germanistik ....
35. Dr. W. Löffler/Bibliothekswissenschaft ....
36. Prof. Dr. D. Abenrath/Slawistik ....
37. Dr. Dr. H. Rübenstedt/Forstwissenschaft ....
38. Prof. Dr. Marion Elm/Kommunikationswissenschaft ....
39. Dr. Verena Pflug/Umwelttechnik ....
40. Prof. Dr. P. Kalder/Wasserbau ....

3. Dienstplan

Ein Taxibetrieb beschäftigt 25 studentische Taxi-Aushilfsfahrer. Jede/r von ihnen ist nur einmal in der Woche in der Lage, eine Schicht zu leisten. Es gibt zwei Schichten: tagsüber und nachts. Stellen Sie einen Dienstplan auf, der berücksichtigt, dass acht Taxifahrer keinen Tagesdienst und zehn keinen Nachtdienst machen können. Einige Taxifahrer können Tages- und Nachtdienst machen. Der Tagesdienst soll mit zwei Fahrern besetzt werden, der Nachtdienst mit drei.

Der Wochenplan, den Sie aufstellen sollen (von Montag bis Freitag), muss alle Namen der Taxifahrer einmal berücksichtigen, wobei niemandem, der keinen Tages bzw. Nachtdienst macht, zugemutet werden darf einen solchen übernehmen zu müssen.

Für diese Aufgabe gibt es keine Beispielanleitung. Nachstehend die Liste der Namen (mit dem Vermerk T = nur Tagesdienst bzw. N = nur Nachtdienst möglich).

Für diese Aufgabe haben Sie 8 Minuten Zeit.

Anna	T	Karl	N
Andreas	N	Karin	T
Birgit		Katrin	N
Bernd	T	Ludwig	T
Berta		Mara	
Detlev	N	Nora	N
Doris	N	Palja	
Dagmar		Renate	T
Erik	T	Robert	T
Else		Susanne	N
Fritz	N	Sonja	
Gabi	T	Sabine	T
Heinz	T		

4. Wegeplan

Sie haben von der Zentrale Ihrer Firma aus Ihre 6 Filialen (A, B, C, D, E, F) über ein aktuelles Sonderangebot zu informieren. Leider ist Ihr Telefon- und Telexanschluss in der Firmenzentrale kaputt. Einige der Filialen sind telefonisch nicht erreichbar, andere haben ein Telefon (alle mit T gekennzeichneten Filialbetriebe). Sie müssen mit einem Auto die Filialen ohne Telefon abfahren. Die Wegezeiten stehen fest (siehe Zeichnung; Telegramm, SMS nicht möglich!). Die Zeiten für das Überbringen der Nachricht – ob persönlich oder am Telefon – ebenso (3 Minuten). In welcher Reihenfolge gehen Sie vor, und wie viel Zeit brauchen Sie, bis Sie wieder in Ihr Büro zurückgekehrt sind?

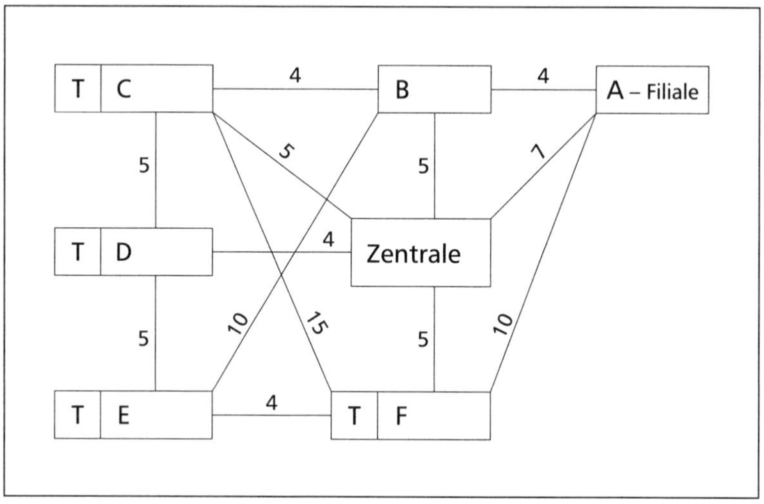

Für diese Aufgabe haben Sie 8 Minuten Zeit.

Technik-Testaufgaben

(Lösungen Seite 142)

1. Technische Bildaufgaben

Die nächsten 24 Aufgaben sollen Ihr technisches Verständnis überprüfen. Hart am Testalltag orientiert, helfen Ihnen diese Aufgaben bei der Vorbereitung. Im Unterschied zur sonst üblichen Praxis können falsche Lösungen in der Testrealität u. U. mit Minuspunkten bestraft werden. Also Vorsicht beim Raten.

Beispiel:
Eine Tischplatte liegt auf zwei Gestellen (A und B) und wird durch eine schwere Kiste belastet. Schwierige Frage: Welches Gestell trägt mehr Last?

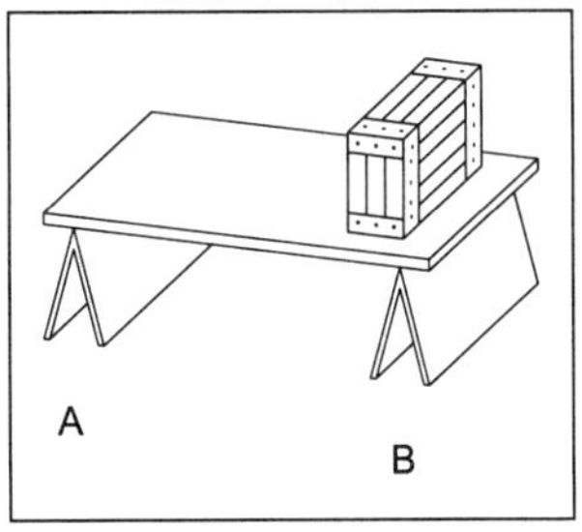

a) das Gestell A
b) das Gestell B
c) beide gleich

Lösung: b

Für 24 Aufgaben haben Sie 20 Minuten Zeit.

1. Welcher Heizkörper gibt mehr Wärme ab?

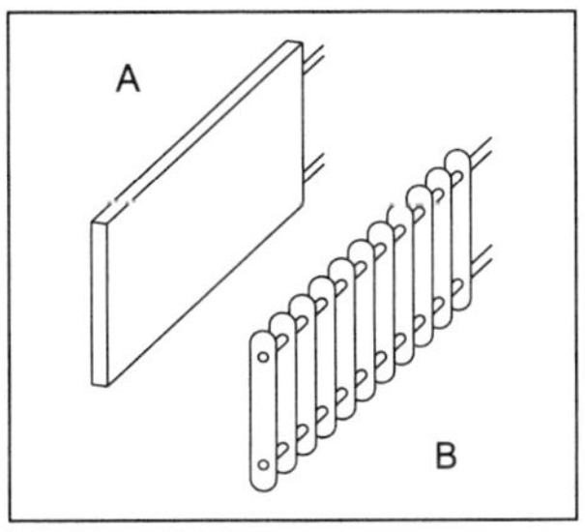

a) A
b) B
c) kein Unterschied

2. In welche Richtung bewegt sich der Zeiger bei Druckerhöhung?

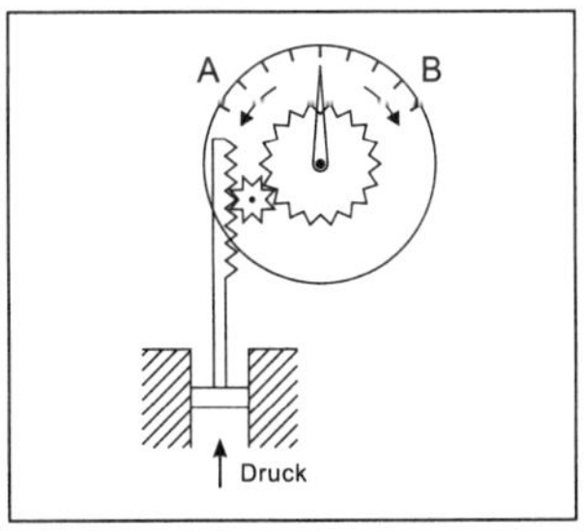

a) Richtung A
b) Richtung B
c) weder – noch

3. Welche Anordnung von Parkplätzen ist auf einer Länge von 100 Metern platzsparend?

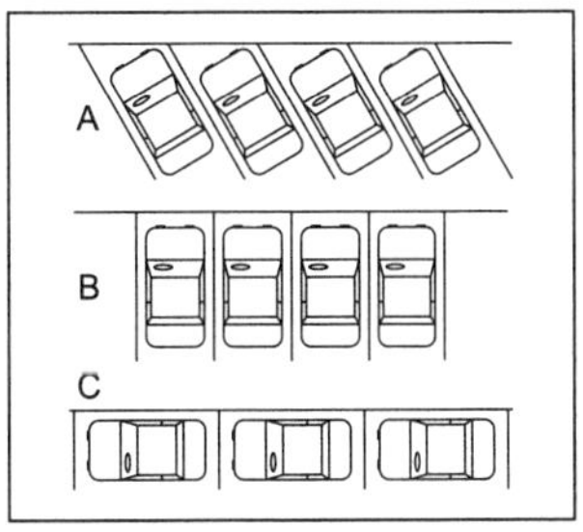

a) A b) B c) C

4. Welche Kolbenstellung ist falsch?

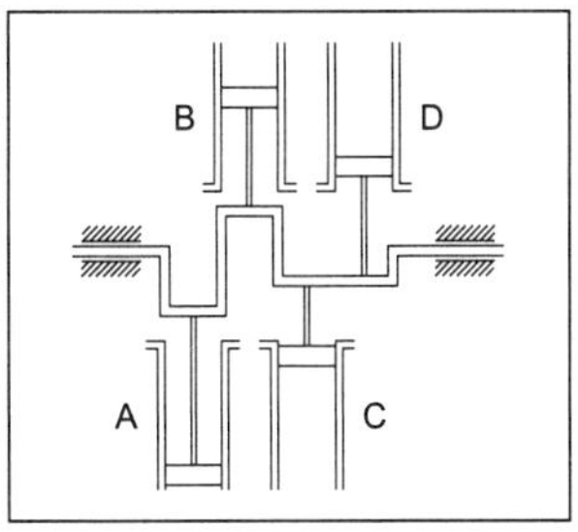

a) A b) B c) C d) D

5. Wenn sich das kleine Rad in Pfeilrichtung dreht, bewegt es das große ...

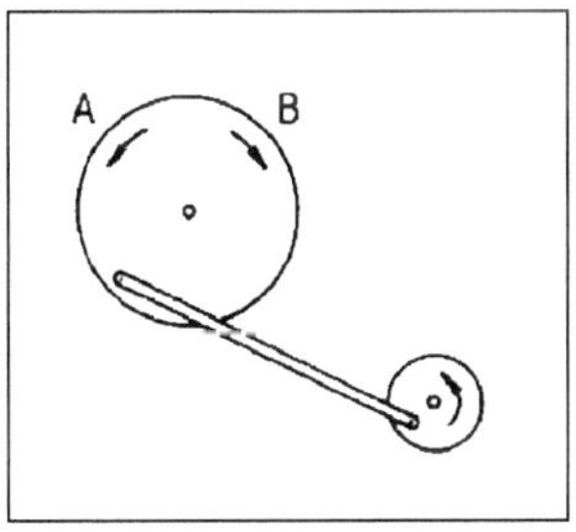

a) in Richtung A
b) in Richtung B
c) hin und her

6. Welche Antriebsräder drehen sich in dieselbe Richtung wie X?

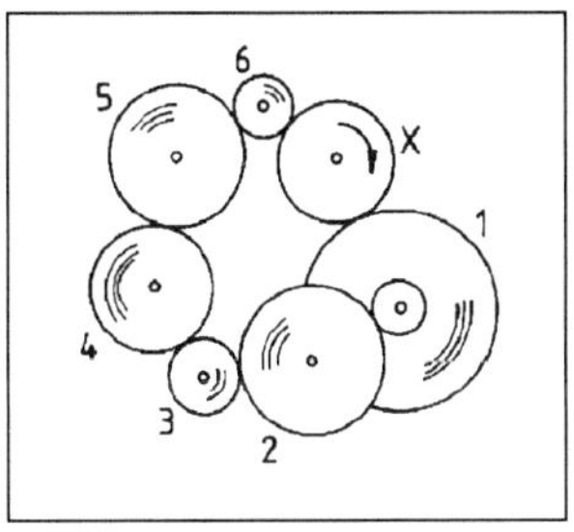

a) 1 und 2
b) 3 und 4
c) 3 und 6
d) Die Antriebsräder können sich nicht drehen

7. Ein Modellflugzeug ist schwanzlastig. Wie ist seine Flugbahn?

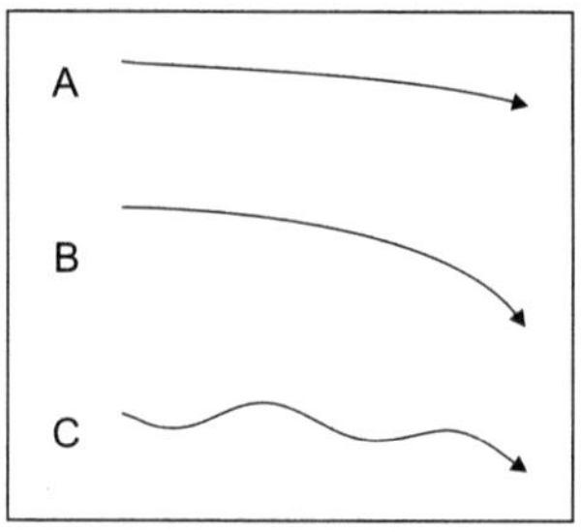

a) A b) B c) C

8. Welche Stellung eines Wagenhebers erfordert die größte Kraft?

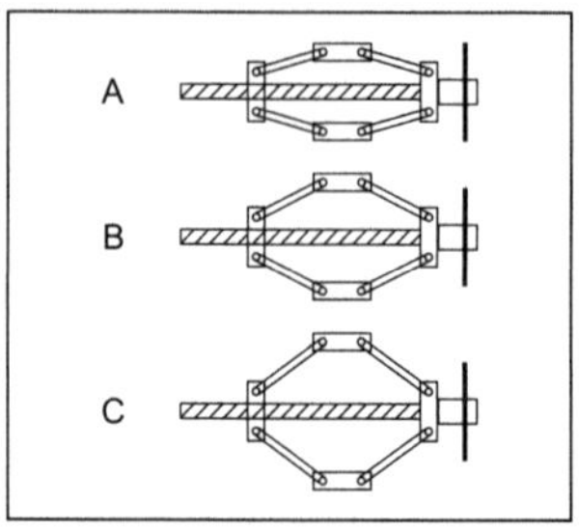

a) A b) B c) C

9. Mit welchen Rädern ist ein Drehstuhl beweglicher?

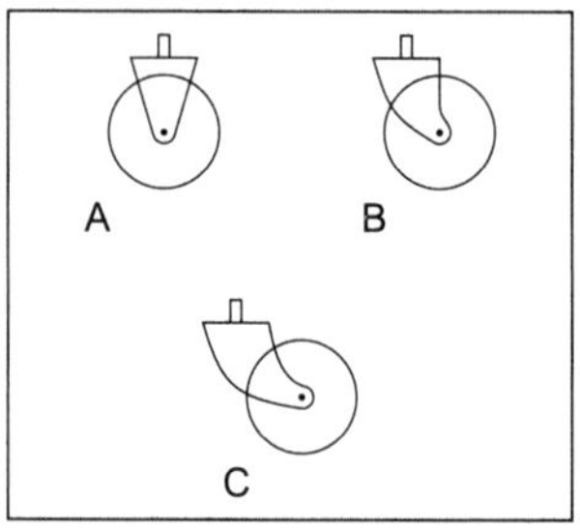

a) A b) B c) C

10. Welche Scheinwerferhälften sind bei Abblendlicht heller?

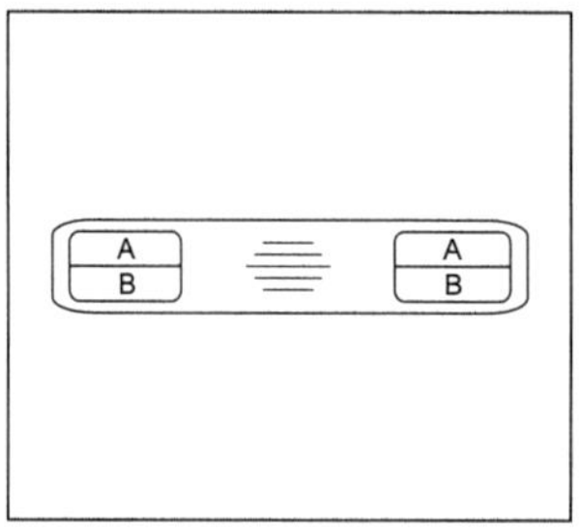

a) A
b) B
c) beide gleich hell

11. Mit welcher Steuereinrichtung ist ein Schiff leichter zu lenken?

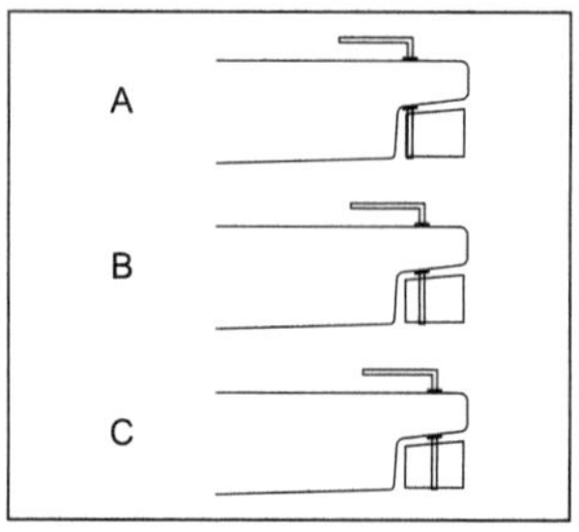

a) A b) B c) C

12. Mit welcher Tragfläche hebt ein startendes Flugzeug früher vom Boden ab?

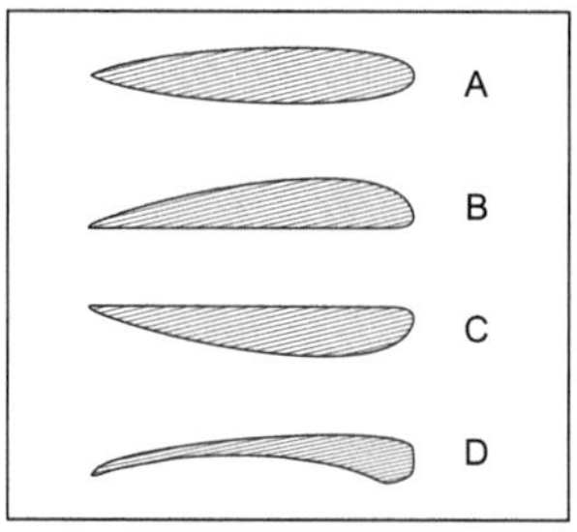

a) A b) B c) C d) D

13. Welche Spritzwasserflasche ist richtig konstruiert?

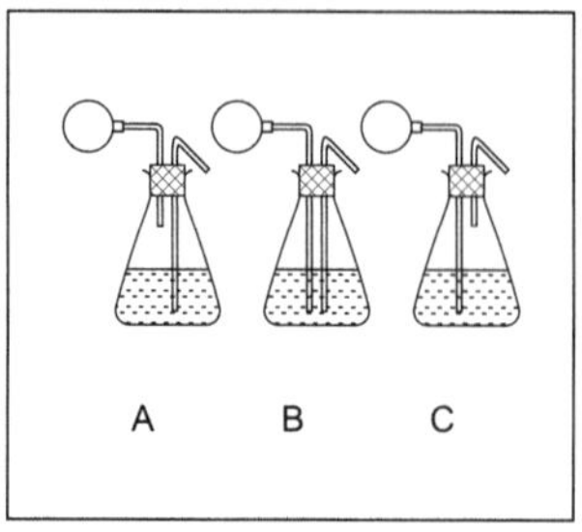

a) A b) B c) C d) D

14. Welches Stahlträgerprofil hält die stärkste Belastung aus?

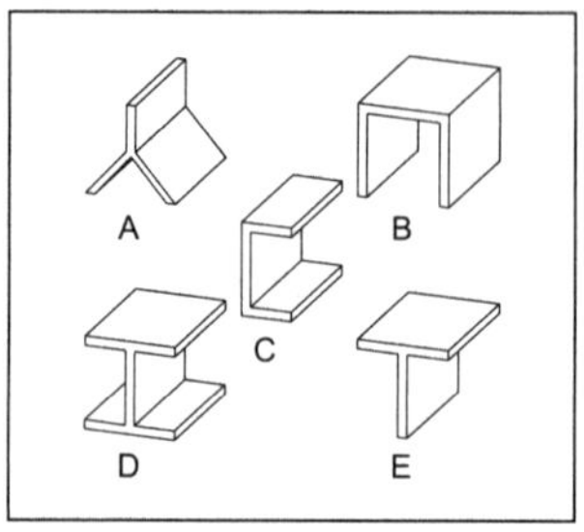

a) A b) B c) C d) D e) E

15. Welches Gewicht muss gewählt werden, damit die Waage im Gleichgewicht bleibt?

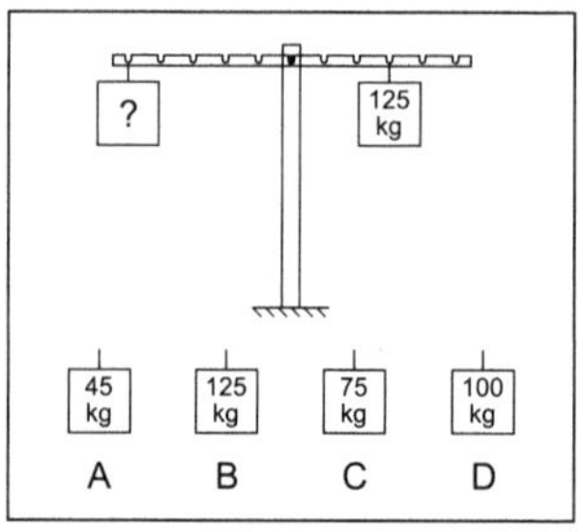

a) A b) B c) C d) D

16. Welche Achse dreht sich am schnellsten?

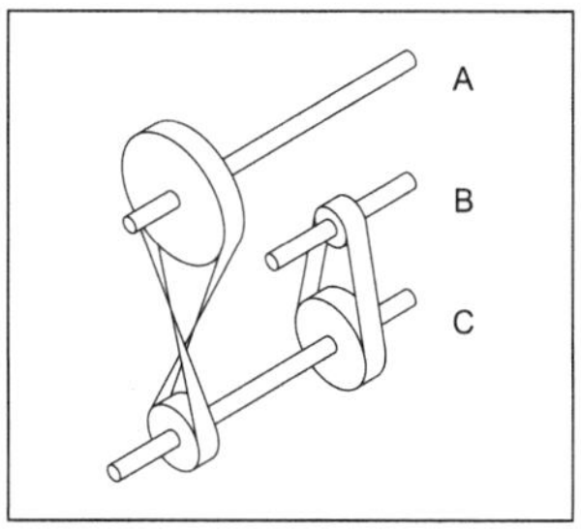

a) A b) B c) C

17. Wie muss der Riemen gelegt werden, damit die Achse A am meisten Umdrehungen pro Minute macht?

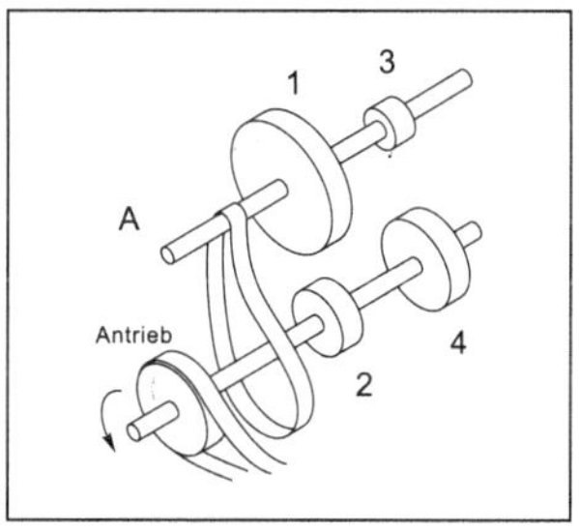

a) zwischen 1 und 4
b) zwischen 2 und 1
c) zwischen 3 und 4

18. Welches der drei Kugellager dreht sich am besten?

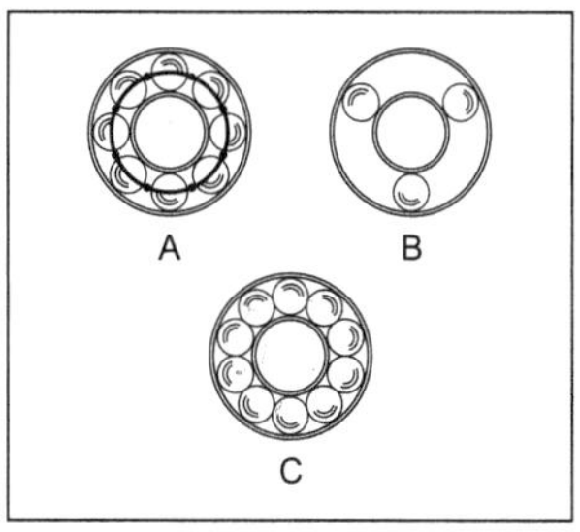

a) A b) B c) C

19. Aus welchem Gefäß tritt das Wasser mit dem höchsten Druck heraus?

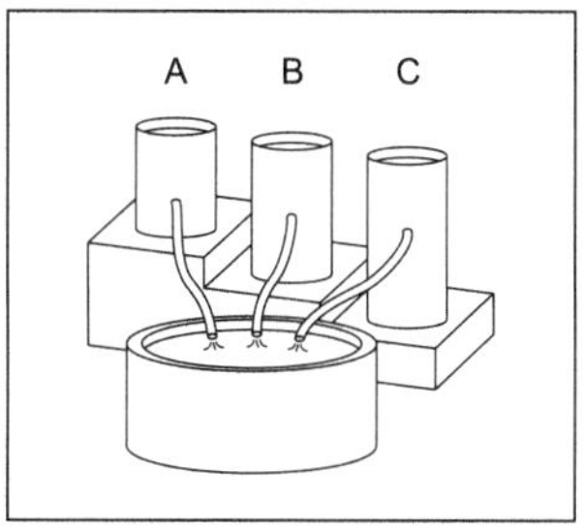

a) A b) B c) C
d) kein Unterschied

20. Welche Kanne ist unzweckmäßig konstruiert?

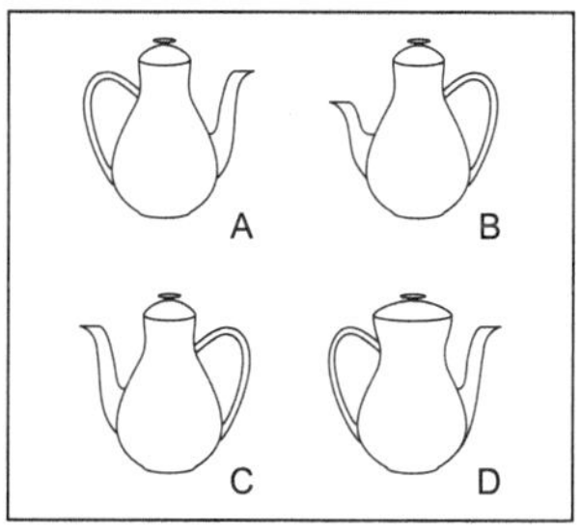

a) A b) B c) C d) D

21. Welche Situation herrscht am Fahrradventil?

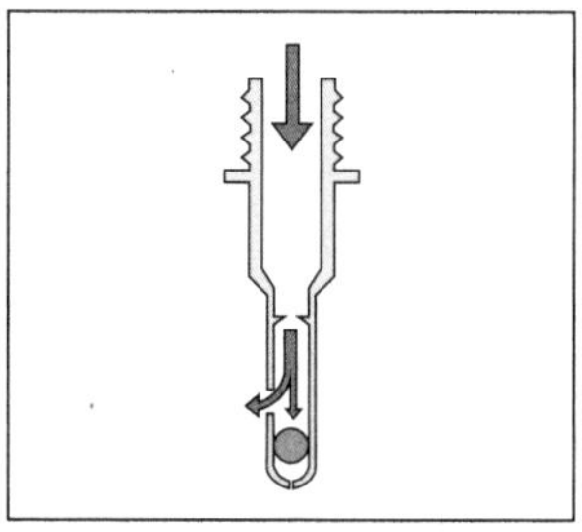

a) nach dem Aufpumpen
b) nicht erkennbar
c) während des Pumpens

22. Der Angler sieht den Fisch an Punkt B. Wo befindet sich der Fisch wirklich?

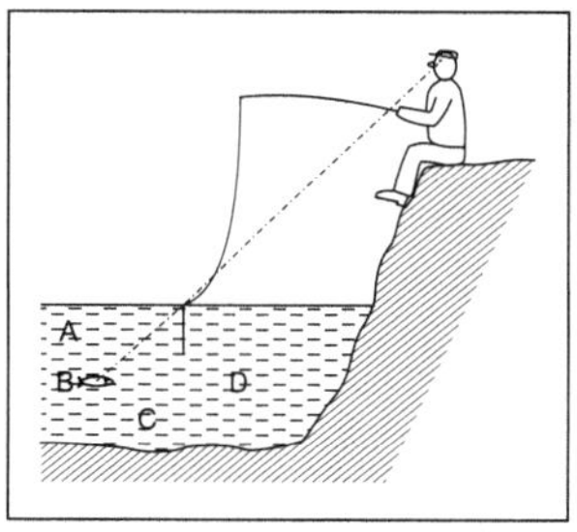

a) A b) B c) C d) D

23. Welche Holzschraube ist zweckmäßig konstruiert?

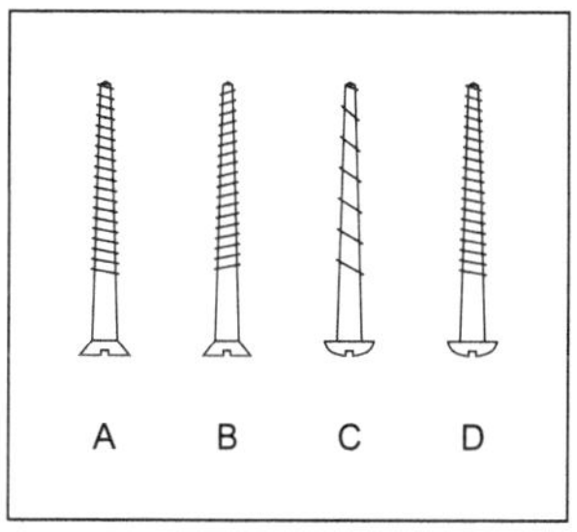

a) A b) B c) C d) D

24. Welches der drei Schwungräder ist zweckmäßig konstruiert?

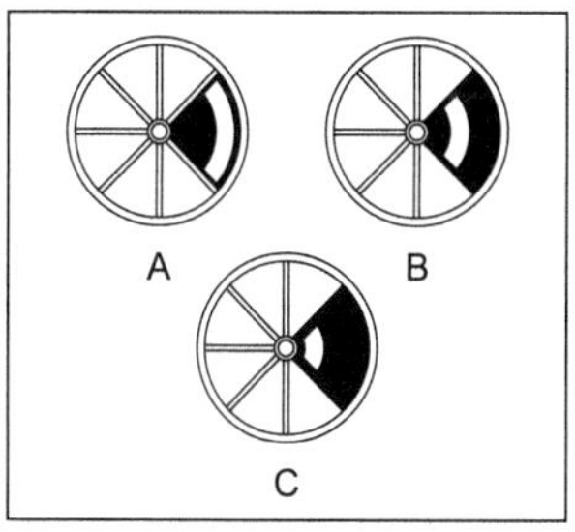

a) A b) B c) C

2. Technische Textaufgaben

Für 5 Aufgaben haben Sie 5 Minuten Zeit.

1. Wie viel wiegen 100 m Kupferdraht von 2 mm Durchmesser?
(Die Dichte von Kupfer beträgt d = 8,9 g / cm^3.)
a) 2 796 kg
b) 2,796 kg
c) 11 184 g
d) 27,96 kg

2. Welche physikalische Größe ist keine Basisgröße?
a) Länge
b) Zeit
c) Leistung
d) Stoffmenge

3. Zu 40 Litern heißem Wasser von 80 °C gibt man 70 Liter kaltes Wasser von 15 °C. Berechnen Sie die Mischungstemperatur.
a) 16,5 °C
b) 19,5 °C
c) 38,6 °C
d) 45,7 °C

4. Wie lautet die goldene Regel der Mechanik?
a) Wird auf einen Körper eine Kraft ausgeübt, so erfährt dieser eine Beschleunigung.
b) Energie kann weder erzeugt noch vernichtet werden, sondern nur in eine andere Energieform umgewandelt werden.
c) Was an Arbeit gespart wird, muss an Weg zusätzlich aufgewendet werden.
d) Was an Kraft gespart wird, muss an Weg zusätzlich aufgewendet werden.

5. Zwei Kräfte F1 = 800 N und F2 = 1,5 kN greifen in einem Punkt an. Der Winkel zwischen beiden Kräften ist 90°. Wie groß ist die resultierende Kraft?
a) 1,7 kN
b) 47,96 N
c) 800 N
d) Zwei senkrecht aufeinander wirkende Kräfte addieren sich zu null.

Lesehinweis

- **Testtraining technisches Verständnis aus der Exakt-Reihe**

Englisch-Testaufgaben

(Lösungen Seite 142)

Der folgende Test gliedert sich in drei Teile: Wortschatz, Grammatik und Übersetzung.

Im ersten Teil »Wortschatz« geht es darum, Synonyme zu Vokabeln zu finden. Das Ausgangswort und die angebotenen Lösungen sind alle in Englisch. Deutsche Übersetzungen werden nicht angegeben.

Im zweiten Teil »Grammatik« bekommen Sie einen Englisch-Grammatiktest vorgelegt. Dieser besteht aus Sätzen, bei denen jeweils eine Vokabel fehlt. Aus den angebotenen Lösungen sollen Sie das passende Wort herausfinden und grammatikalisch richtig ergänzen.

Im letzten Teil »Übersetzung« sollen Sie schließlich die passende englische Übersetzung zu dem jeweils angegebenen deutschen Satz finden.

Versuchen Sie nun, die folgende Aufgabe zu bearbeiten. Sie arbeiten im Übrigen bei diesem Test nicht unter Zeitdruck, die Bearbeitungszeit von 20 Minuten ist vollkommen ausreichend.

1. Teil: Wortschatz

Please choose the word which fits best to the first one.

1. error
a) abnormality
b) mistake
c) go wrong
d) accident

2. to cancel
a) to evoke
b) to question
c) to annul
d) to adjourn

3. believer
a) follower
b) plaster
c) agreement
d) traitor

4. battle
a) fight
b) cement
c) battlefield
d) peace

5. befitting
a) training
b) suited to
c) getting fit
d) impolite

6. toxic
a) poisonous
b) heroic
c) gift
d) epic

7. bouncer
a) ball
b) bound
c) doorman
d) hall

8. chilly
a) food
b) cold
c) country
d) comfortable

9. choice
a) selection
b) name
c) happiness
d) freedom

10. civil
a) public
b) no uniform
c) well-behaved
d) law

11. sky
a) skype
b) heaven
c) harbor
d) cloud

12. master
a) teacher
b) must
c) monitor
d) examine

13. angry
a) angina
b) angle
c) furious
d) astonished

14. deal
a) contract
b) consume
c) contact
d) conversion

15. to match
a) too much
b) to fit
c) to make
d) to prove

16. succeed
a) suicide
b) success
c) follow
d) finished

17. suit
a) dress
b) suite
c) sweet
d) sit

18. to think
a) to believe
b) to suspect
c) to remark
d) to comment

19. pretty
a) weird
b) tremble
c) graceful
d) good

20. security
a) separate
b) safety
c) vice versa
d) sufficient

21. sufficient
a) enough
b) plenty
c) nod
d) all

22. much
a) match
b) less
c) plenty
d) more

23. brief
a) concise
b) skill
c) praise
d) long

24. hazardous
a) noisy
b) dangerous
c) scream
d) difficult

25. phrases
a) sentences
b) words
c) meaning
d) saying

26. for instance
a) for example
b) for freedom
c) for nothing
d) for love

2. Teil: Grammatik

Fill in the missing word.

1. **They flew from Berlin ... London**
   a) at b) to c) for d) by
2. **Julie has gone to the airport, ... she?**
   a) hasn't b) was c) hadn't d) doesn't
3. **It's Jane's birthday. She ... 21 years old.**
   a) will b) will be c) becomes d) grows
4. **I can help you ... you wait for a moment.**
   a) when b) if c) because d) before
5. **Betty tells the untruth, she ...**
   a) lays b) lies c) leis d) lais
6. **When will I ... a letter from you?**
   a) become b) get c) got d) have
7. **A: »Excuse me, I'm sorry.« B: »Never ...«**
   a) ever b) again c) mind d) you
8. **A twin-engine DC-3 plane was ... over the town**
   a) going b) winging c) crossing d) sailing
9. **The night before the big game, do anything that will take your ... the coming challenge.**
   a) mind off b) hand off c) foot off d) dress off
10. **We have to ... a visit to aunt Mary.**
   a) do b) see c) enjoy d) pay

3. Teil: Übersetzung

Please translate into proper English.

1. **Ich bin mir nicht ganz sicher, weil ich den Sachverhalt nicht genau kenne.**

   ....

   ....

2. **Man kann sagen, dass ...**

   ....

   ....

3. **Soviel ich weiß, ...**

   ....

   ....

4. **Vielleicht liege ich falsch, aber ...**

   ....

   ....

5. **Wenn ich mich nicht täusche, ...**

   ....

   ....

6. **Es tut mir schrecklich leid.**

   ....

   ....

Persönlichkeits-Testaufgaben

Hier geht es nun weniger um Eignung oder Intelligenz, sondern darum, sich einen Eindruck über Ihren Charakter, Ihre Persönlichkeit zu verschaffen. Lassen wir einmal die Diskussion beiseite, was Charakter, Persönlichkeit, Temperament etc. eigentlich sind, und wenden wir uns diesen im Rahmen der Personalauslese zu.

1. Ein Testbeispiel

Hier eine kleine Persönlichkeitstestprobe. Beantworten Sie bitte ohne langes Zögern folgende 9 Fragen:

1. Wenn man mein Vertrauen enttäuscht, dann
a) bin ich bereit, sofort zu verzeihen
b) teils/teils
c) werde ich sehr böse

2. Von Freunden im Stich gelassen zu werden ist mir
a) ziemlich häufig
b) manchmal
c) kaum jemals passiert

3. Ich fände es interessanter, in einer Fabrik verantwortlich zu sein für
a) die Auswahl und Einstellung neuer Mitarbeiter
b) dazwischen
c) für Maschinen oder die Buchhaltung

4. In einem kleinen, engen Raum, zum Beispiel in einem überfüllten Aufzug, habe ich schnell das Gefühl, eingesperrt zu sein.
a) gelegentlich
b) selten
c) nie

5. Ich würde mein Leben, wenn ich es noch einmal zu leben hätte,
a) mir genau so wünschen
b) weiß nicht
c) ganz anders planen

6. Wenn ich die Wahl hätte, wäre ich lieber
a) ein Wissenschaftler in der Forschung
b) teils/teils
c) ein Manager mit vielen Besprechungen

7. Ich rede mit den Leuten
a) nur, wenn ich etwas zu sagen habe
b) teils/teils
c) damit sie sich wohlfühlen können

8. Wenn man mir freundlicher begegnet, als ich eigentlich erwartet habe, zweifle ich an der Echtheit dieser Freundlichkeit.
a) stimmt
b) teils/teils
c) stimmt nicht

9. Wenn Leute eine moralisch überlegene Haltung demonstrieren, regt mich das auf.
a) nein
b) teils/teils
c) ja

Haben Sie gemerkt, worum es geht? Drei »Persönlichkeitsmerkmale« sind es, die hinter diesen Fragen stehen:

1. A Sachbezogenheit (kühl und reserviert) gegenüber
B Kontaktorientierung (aufgeschlossen und warm)
Frage 3: Antwort a ist kontaktbezogen,
c ist sachbezogen
Frage 6: Antwort a ist sachbezogen,
c kontaktbezogen
Frage 7: Antwort a ist sachbezogen,
c kontaktbezogen

Haben Sie sich zweimal oder mehr für einen der beiden Faktoren entschieden, ist Ihr Persönlichkeitsbild festgenagelt. Sie gelten dann also z. B. als eher kühler, bei dreimal a) als eiskalter Sachmensch ...

2. A Vertrauensbereitschaft (vertrauensvoll) gegenüber B Skeptische Haltung (misstrauisch)
   Frage 1: Antwort a ist vertrauensvoll, c misstrauisch
   Frage 8: Antwort a ist misstrauisch, c vertrauensvoll
   Frage 9: Antwort a ist vertrauensvoll, c misstrauisch
3. A Emotionale Störbarkeit (neurotisch) gegenüber B Emotionale Stabilität (gelassen)
   Frage 2: Antwort a ist neurotisch, c stabil
   Frage 4: Antwort a ist neurotisch, c stabil
   Frage 5: Antwort a ist stabil, c neurotisch

Sollten Sie bei diesen 9 Fragen mehr als zweimal b) angekreuzt haben (teils/teils, dazwischen, manchmal etc.), laufen Sie Gefahr, als Lügner und Vernebler dazustehen.

In der Testrealität wird bei der Auswertung so vorgegangen, dass man Ihnen die Ankreuzungen entsprechend auslegt und interpretiert. Dabei sollten Sie wissen, dass es keinesfalls immer eindeutig einen »guten« und anstrebenswerten gegenüber einem »schlechten« und zu vermeidenden Persönlichkeits-Faktor gibt. Es ist schwer, generelle Empfehlungen auszusprechen, aber achten Sie darauf, die Fragen nicht zu extrem in eine Richtung anzukreuzen.

Sicherlich hat ein im Außendienst arbeitender Versicherungsvertreter andere »Ideal«-Persönlichkeitsmerkmale als ein Mitarbeiter in einer technischen Forschungsabteilung.

Übrigens: Beim Ausfüllen von sogenannten Personalfragebögen, die deutlich mehr wissen wollen als Name, Anschrift und Bankverbindung, sollten Sie von Ihrer Vorstellungskraft Gebrauch machen und sich in die Rolle des Arbeitgebers/Personalers versetzen, der Ihre Antworten liest. Hier handelt es sich um einen versteckten Persönlichkeitstest.

2. Drei Persönlichkeitsmerkmale

Hauptsächlich geht es in Persönlichkeitstests um drei Persönlichkeitsmerkmale, aufgrund deren man glaubt, entscheiden zu können, ob Sie für eine bestimmte Position der richtige Bewerber sind:

- emotionale Stabilität
- Kontaktfähigkeit
- Leistungsbereitschaft

Was unter diesen drei Begriffen zu verstehen ist, entschlüsselt der folgende Test. Bitte kreuzen Sie spontan innerhalb von 15 Minuten bei den folgenden Aussagen die jeweils für Sie zutreffende an.

1. **Für gewöhnlich plane ich meine Arbeit und realisiere zügig die einzelnen Arbeitsschritte.**
   a) stimmt b) teils/teils c) stimmt nicht
2. **Für mich gilt: Erst die Arbeit, dann das Vergnügen.**
   a) stimmt b) teils/teils c) stimmt nicht
3. **Ich lese lieber ein gutes Buch, als mich mit Bekannten zu treffen.**
   a) stimmt b) teils/teils c) stimmt nicht
4. **Bisweilen neige ich zum Grübeln und mache mir viele Gedanken.**
   a) stimmt b) teils/teils c) stimmt nicht
5. **Ich habe es gerne, wenn alles perfekt ist.**
   a) stimmt b) teils/teils c) stimmt nicht
6. **Lieber schreibe ich einen längeren Brief, als kurz zu telefonieren.**
   a) stimmt b) teils/teils c) stimmt nicht
7. **Aus eigener Erfahrung weiß ich, was Tagträumereien sind.**
   a) stimmt b) teils/teils c) stimmt nicht
8. **Beim Fahrstuhlfahren, in engen Räumen oder wenn viele Menschen dicht zu sammen sind, kriege ich schon mal Angst.**
   a) stimmt b) teils/teils c) stimmt nicht
9. **Es macht mir nichts aus, auf einer Party plötzlich im Mittelpunkt des Interesses zu stehen.**
   a) stimmt b) teils/teils c) stimmt nicht

10. Mein Schlaf ist ungestört. Ich kann immer gut ein- und durchschlafen.
a) stimmt b) teils/teils c) stimmt nicht

11. Wenn ich vor einer größeren Anzahl von Personen sprechen muss, werde ich leicht verlegen.
a) stimmt b) teils/teils c) stimmt nicht

12. Ich bin sensibel und leide deswegen unter Wetterfühligkeit.
a) stimmt b) teils/teils c) stimmt nicht

13. Ich frage mich, ob ich in meinem Leben wirklich immer alles richtig gemacht habe.
a) stimmt b) teils/teils c) stimmt nicht

14. Mein Arbeitsstil ist eher spontan und impulsiv.
a) stimmt b) teils/teils c) stimmt nicht

15. Ich glaube nicht, dass man aus eigener Kraft allein etwas erreichen kann.
a) stimmt b) teils/teils c) stimmt nicht

16. Im Grunde bin ich ein eher vorsichtiger Mensch im Umgang mit anderen.
a) stimmt b) teils/teils c) stimmt nicht

17. Auch wenn ich einmal krank bin, denke ich an die Arbeit.
a) stimmt b) teils/teils c) stimmt nicht

18. Manchmal beneide ich andere um ihren Erfolg.
a) stimmt b) teils/teils c) stimmt nicht

19. Wenn Unordnung herrscht, kann ich einfach nicht arbeiten.
a) stimmt b) teils/teils c) stimmt nicht

20. Ehrgeiz ist für mich ein Fremdwort.
a) stimmt b) teils/teils c) stimmt nicht

21. Das Erzählen von Witzen in einer Gesellschaft ist mir zuwider.
a) stimmt b) teils/teils c) stimmt nicht

22. Ich kann von mir sagen, dass ich ein wirklicher Optimist bin.
a) stimmt b) teils/teils c) stimmt nicht

23. Bisweilen bin ich erstaunt über meine starken Stimmungsschwankungen.
a) stimmt b) teils/teils c) stimmt nicht

24. Lieber schaue ich bei einer Bahnfahrt aus dem Fenster, als mich mit meinen Mitreisenden zu unterhalten.
a) stimmt b) teils/teils c) stimmt nicht

25. Bisweilen fällt es mir doch sehr schwer, mich auf meine Arbeit zu konzentrieren.
a) stimmt b) teils/teils c) stimmt nicht

26. Wettkämpfe mag ich eigentlich nicht.
a) stimmt b) teils/teils c) stimmt nicht

27. Ich habe einen sehr kleinen, aber ausgewählten Bekannten- und Freundeskreis.
a) stimmt b) teils/teils c) stimmt nicht

28. Ich schiebe nur sehr selten und äußerst ungern Arbeiten auf.
a) stimmt b) teils/teils c) stimmt nicht

29. Anstatt unter Leute zu kommen, bevorzuge ich den ruhigen Abend im bequemen Sessel zu Hause.
a) stimmt b) teils/teils c) stimmt nicht

30. Ich würde niemals anstreben wollen, eine wichtige oder berühmte Persönlichkeit zu sein.
a) stimmt b) teils/teils c) stimmt nicht

Bitte gehen Sie die Statements noch einmal durch. Ordnen Sie jede Frage einer der folgenden drei Persönlichkeitsdimensionen zu:

1. emotionale Stabilität/Labilität (E)
2. Kontakt- und Kommunikationsfähigkeit/-unfähigkeit (K)
3. Leistungsmotivation/eingeschränkte Lm. (L)

Schreiben Sie vor jedes Statement ein E, K bzw. L, um zu üben, zu erkennen, worauf eine Frage abzielt. Gleichen Sie Ihre Zuordnung mit der Auswertung auf der nächsten Seite ab.

Auswertung und Interpretation

		a) stimmt	b) teils/teils	c) stimmt nicht
1.	E	3	2	1
2.	L	3	2	1
3.	K	1	2	3
4.	E	1	2	3
5.	E	1	2	3
6.	K	1	2	3
7.	E	1	2	3
8.	E	1	2	3
9.	K	3	2	1
10.	E	3	2	1
11.	K	1	2	3
12.	E	1	2	3
13.	E	1	2	3
14.	L	1	2	3
15.	L	1	2	3
16.	K	1	2	3
17.	L	3	2	1
18.	L	3	2	1
19.	E	1	2	3
20.	L	1	2	3
21.	K	1	2	3
22.	K	3	2	1
23.	E	1	2	3
24.	K	1	2	3
25.	L	1	2	3
26.	L	1	2	3
27.	K	1	2	3
28.	L	3	2	1
29.	K	1	2	3
30.	L	1	2	3

E = Emotionale Stabilität/Labilität
K = Kontakt- und Kommunikationsfähigkeit/-unfähigkeit
L = Leistungsmotivation/eingeschränkte Leistungsmotivation

Die in der Tabelle angegebenen Antwortzahlenwerte sind getrennt nach den Dimensionen E, K und L zu addieren.

Sollten Sie nun Ihre E-Werte ausgezählt haben, ergibt sich vereinfacht folgende Interpretationsmöglichkeit:

10–17 Punkte: eher emotional labil
18–22 Punkte: indifferent
23–30 Punkte: emotional stabil

Je stärker Sie an die Eckwerte einer Gruppe kommen, desto deutlicher ist das Merkmal ausgeprägt (z. B. sprechen 10, 11 oder 12 Punkte für eine erhebliche emotionale Labilität, dagegen 27, 28 und mehr Punkte für eine – fast schon unglaubwürdige – emotionale Stabilität).

Nun sind die K-Werte dran (s. o.):

10–17 Punkte: eher Kontakt vermeidend, kontaktarm
18–22 Punkte: indifferent
23–30 Punkte: kontaktfreudig, aufgeschlossen

Z. B. sprechen 15–17 Punkte für eine eher kontaktarme Persönlichkeit, 23–25 Punkte für eine eher kontaktfreudige Persönlichkeitsstruktur.

Schließlich zu den L-Werten:

10–17 Punkte: eher eingeschränkte Leistungsmotivation
18–22 Punkte: indifferent
23–30 Punkte: leistungsmotiviert, leistungsstark

Die Anmerkungen zu den ersten beiden Persönlichkeitsdimensionen gelten vice versa auch hier.

Sie können jetzt Ihr »Persönlichkeitsprofil« erstellen, indem Sie Ihre Werte in das nachstehende Schema eintragen:

	10	12	14	16	18	20	22	24	26	28	30	
emotionale Labilität												emotionale Stabilität
kontaktunfähig												kontaktfähig
eingeschränkte Leistungsmotivation												leistungsmotiviert
offen												verschlossen

Die zuletzt aufgeführte Dimension Offenheit/Verschlossenheit errechnet sich aus der Gesamtzahl der Teils-teils-Ankreuzungen. Addieren Sie für die ersten 6 Teils-teils-Antworten zusammen 14 Punkte (falls Sie so viele erreicht haben). Für jede weitere Teils-teils-Antwort über die 6 hinaus, geben Sie sich 4 Punkte. Sollten Sie über 30 Punkte kommen, wäre Ihr gesamtes Testergebnis unglaubwürdig, und Sie würden den Verdacht riskieren, ein »Test-Saboteur/Verweigerer« zu sein.

Achtung, aufgepasst: Diese kleine Testauswertung sollte Ihnen lediglich verdeutlichen, wie in der Bewerbungs- und Auslesepraxis in etwa vorgegangen wird.

Sollten Sie bei der Aufgabe (siehe S. 115 unten), die einzelnen Statements den Persönlichkeitsdimensionen zuzuordnen, sechs oder weniger pro Dimension richtig eingeschätzt haben, müssen Sie unbedingt Ihr »Testaufgaben-Durchschauungsvermögen« für Persönlichkeitstests weiter trainieren.

3. Persönliche Bewertungen

Bei den folgenden Persönlichkeits-Testaufgaben geht es um die Bewertung von Aussagen bzw. Reaktionen in Bezug auf einen Konflikt oder ein Problem. Die Bewertung sollte jeweils durch die Noten 1 – 5 erfolgen (1 ist die beste, 5 die schlechteste Note).

Sie haben für 10 Aufgaben 20 Minuten Zeit.

1. Situation
Ihr Nachbar bringt Ihnen Ihre zuvor ausgeliehene Zeitung zerrissen zurück. Er sagt: »Das war meine Kleine!«

Antworten (jeweils mit 1–5 zu bewerten)
a) Aber das macht doch gar nichts. ( )
b) Hätten Sie nicht besser aufpassen können? ( )
c) Ihnen leihe ich keine Zeitung mehr! ( )
d) Ich hatte die Zeitung sowieso schon gelesen. ( )

2. Situation
Ein Busfahrer klemmt einen Fahrgast zufällig in die Tür ein. Dieser schimpft: »Sie Idiot!«

Antworten
a) Sie sind doch selber schuld. ( )
b) Wären Sie doch schneller eingestiegen! ( )
c) Das tut mir wirklich leid, entschuldigen Sie bitte. ( )
d) Ist Ihnen was passiert? ( )

3. Situation
An einer Bushaltestelle unterhalten sich zwei Frauen schlecht über eine dritte. Eine andere Frau hört das und weiß, dass diese Frau im Krankenhaus liegt. Sie sagt: »Diese Frau, über die Sie sich gerade unterhalten, ist schwer krank und liegt im Krankenhaus.«

Antworten
a) Da sehen Sie es mal wieder! ( )
b) Das wussten wir noch gar nicht. ( )
c) Oh, das tut uns aber leid! ( )
d) Wie geht es ihr denn? ( )

4. Situation
Vor Ihnen im Kino sitzt eine Frau mit einem großen Hut. Ihre Sicht auf die Leinwand ist stark eingeschränkt. Was machen Sie?

Antworten
a) Ich neige den Kopf so, dass ich was sehe. ( )
b) Ich bitte die Frau, ihren Hut abzunehmen. ( )
c) Ich schimpfe auf sie, mache aber nichts. ( )
d) Ich setze mich woanders hin. ( )

5. Situation
Ein Cabriolet-Fahrer entschuldigt sich bei Ihnen mit den Worten: »Das tut mir leid.« Sie sind Fußgänger, und der Fahrer hat Ihre Kleidung gerade beschmutzt, weil er zu scharf durch eine Pfütze gefahren ist. Was antworten Sie?

Antworten
a) Mir auch, Sie Vollidiot! ( )
b) Ist schon in Ordnung. ( )
c) Ihre Entschuldigung akzeptiere ich, aber zahlen Sie die Reinigung meiner Kleidung! ( )
d) Macht nichts, ich war sowieso auf dem Weg zur Reinigung. ( )

6. Situation
Sie sind Gast und haben gerade eine wertvolle Vase fallen lassen. Der Gastgeber erklärt Ihnen, dass dies die Lieblingsvase seiner Schwiegermutter war.

Antworten
a) Ist doch halb so schlimm, Scherben bringen Glück. ( )
b) Verzeihung, ich kaufe eine neue. ( )
c) Wie ist denn Ihr Verhältnis zu Ihrer Schwiegermutter? ( )
d) Das tut mir schrecklich leid, wie kann ich den Schaden wiedergutmachen? ( )

7. Situation
Ein Polizist stellt Sie als Autofahrer zur Rede, weil Sie mit 80 km/h an einer Schule vorbeigerast sind.

Antworten
a) Tut mir leid, aber ich habe es wirklich sehr eilig. ( )
b) Sie irren, ich bin höchstens 60 gefahren. ( )
c) Ein Verwandter liegt im Sterben, und ich muss zu ihm (Ausrede). ( )
d) Ich zahle, und lassen Sie uns die Sache vergessen. ( )

8. Situation
Sie sind der Verkäufer, dem eine Kundin erklärt, dass die neu gekaufte Uhr nun schon zum dritten Mal stehen geblieben ist.

Antworten
a) Das muss an Ihnen liegen, sicherlich machen Sie was falsch. ( )
b) Ich habe Ihnen doch gleich gesagt: Kaufen Sie eine bessere Qualität. Aber Sie wollten ja nicht hören. ( )
c) Das tut mir leid, wir werden die Uhr einschicken. ( )
d) Wollen Sie vielleicht eine andere Uhr? ( )

9. Situation
Sie beklagen sich in einem Restaurant beim Ober über die Qualität des Essens. Der Kellner fragt Sie, ob Sie nicht ein bisschen zu sehr übertreiben.

Antworten
a) Ich bin der Gast, ich habe alle Rechte. ( )
b) Wie Sie meinen. ( )
c) Bringen Sie mir bitte den Geschäftsführer. ( )
d) Essen Sie den Saufraß doch selbst. ( )

10. Situation
Ein/-e gute/-r Bekannte/-r erzählt Ihnen, dass er/sie heute Abend mit Ihrem Freund/Ihrer Freundin tanzen geht. Angeblich hätten Sie keine Lust.

Antworten
a) Das stimmt, und viel Spaß auch. ( )
b) Und ich treffe mich heute Abend mit deinem/deiner Freund/-in. ( )
c) Nummerier schon mal deine Knochen. ( )
d) Da bin ich aber überrascht. ( )

Auswertung und Interpretation
Dieser Test zielt im Großen und Ganzen auf die Richtung Ihrer Aggressivität ab: Geht sie nach außen oder nach innen, oder gelingt es Ihnen, einen angemessenen Mittelweg zu finden? In seiner ursprünglichen Version müssen bei diesem Test leere Sprechblasen nach dem Vorbild von Comics mit einer frei zu wählenden Antwort versehen werden.

Auch wenn es keine richtigen oder falschen Lösungen (Antworten) gibt, sind doch Tendenzen zu beachten. Wer unangemessen aggressive Antworten positiv bewertet, fällt ebenso negativ auf wie derjenige, der übertrieben alle Schuld gleich auf sich nimmt. In Ihrer Benotung wird dies deutlich. Wir wollen bei diesem Persönlichkeitstest kurz skizzieren, welche Antwortmöglichkeiten passend oder unpassend sind.

Wie bei allen Persönlichkeitstestverfahren, die im Berufsleben eingesetzt werden, sollen Sie sich Gedanken machen, welchen Eindruck Sie mit Ihren Antworten hervorrufen.

1. Antwort b ist eher passend, während die restlichen Antwortmöglichkeiten eher unpassend angesichts der vorliegenden Situation sind.

2. Antworten c und d sind eher passend. Die restlichen Antwortmöglichkeiten sind der Situation eher nicht angemessen.

3. Antworten c und d sind eher angemessene Reaktionen auf die Situation, wohingegen a absolut unpassend ist.

4. Die Antwort b ist passend, während c unpassend ist.

5. In dieser Situation ist lediglich Antwort c passend. Die restlichen Antwortmöglichkeiten sind in dieser Situation eher unpassend.

6. Antwort d ist der Situation angemessen, Antwort a hingegen unpassend.

7. Antwort a ist in dieser Situation passend, während die Antwortmöglichkeit d absolut unpassend ist.

8. In dieser Situation ist die Antwort c eher passend, wohingegen die Antworten a und b unpassend sind.

9. Antwort c ist in diesem Fall eher passend. Der Rest hingegen nicht der Situation angemessen.

10. Die Antwortmöglichkeiten b und d sind in diesem Fall eher passend; a und c unpassend.

4. Situationstest

Schauen Sie sich bitte die folgenden sieben Bilder an. Eine kleine Situation wird geschildert, ein Bild illustriert dabei, worum es geht. Eine Person (A) sagt etwas, und die andere (B) antwortet darauf. Drei Antwortmöglichkeiten sind vorgegeben. Entscheiden Sie ganz spontan, welche Antwort die angesprochene Person gibt.

Für 7 Aufgaben haben Sie 15 Minuten Zeit.

1. Es ist 3.00 Uhr nachts, und das Telefon hat Person B aus dem Schlaf geklingelt. Was antwortet Person B? Bitte ankreuzen.

a) »Das macht nichts. Ich habe noch nicht so fest geschlafen.«
b) »Es ist wirklich ärgerlich, auf diese Art und Weise geweckt zu werden, aber das kann schon mal passieren.«
c) »Sie sind ein Vollidiot!«

2. Ein Mann hat einen Bekannten zum Flughafen gefahren. Dabei hat er sich verfahren, sodass die Person B ihr Flugzeug verpasst hat. Was antwortet Person B?

a) »Dass Sie sich verfahren, habe ich irgendwie vorher geahnt.«
b) »Das macht gar nichts. Der nächste Flieger geht ja in vier Stunden.«
c) »Einerseits Pech. Andererseits: Wer weiß, wofür es gut ist.«

3. Person B ist bei Person A zu Besuch und hat versehentlich eine gute Vase nebst Blumenstrauß umgestoßen. Was antwortet Person B?

a) »Ich könnte in den Boden versinken. Kann ich das überhaupt jemals wiedergutmachen?«
b) »Scherben bringen Glück! Nur keine Aufregung!«
c) »Es tut mir wirklich leid. Es war nicht meine Absicht. Selbstverständlich komme ich für den Schaden auf.«

4. Vor einer Autoreparaturwerkstatt: eine Reklamation. Was antwortet Person B?

a) »Ich höre kein Geräusch. Da können wir jetzt auch nichts mehr für Sie tun. Sie haben sich schließlich für dieses Modell entschieden.«
b) »Ich verstehe Sie gut, auch ich bin geräuschempfindlich. Soll ich mit dem Chef gleich mal über einen Preisnachlass sprechen?«
c) »Das ist bedauerlich, aber wir werden uns noch einmal darum kümmern.«

5. Nach einer halben Stunde Anstehen vor der Kinokasse erfährt Person B, dass die Vorstellung gerade ausverkauft ist. Was antwortet Person B?

a) »Pech, aber dann kaufe ich jetzt eben eine Karte für die nächste Vorstellung.«
b) »So eine Unverschämtheit, hätten Sie das nicht eher sagen können? Dann hätte ich mich ja nicht so lange anstellen müssen!«
c) »So was kann auch nur mir passieren. Wieder ein Abend im Eimer.«

6. Im Restaurant beklagt sich der Gast über das Essen. Was antwortet der Ober?

a) »Das kann nicht sein, über diese Suppe hat sich noch niemand beschwert, Sie sind der Erste.«
b) »Tut mir leid, ich spreche sofort mit dem Koch und Sie bekommen eine neue Suppe.«
c) »Ich bedauere, dass Ihnen unsere Suppe nicht schmeckt. Darf ich Ihnen etwas anderes anbieten?«

7. In einem Elektro-Fachgeschäft.
Was antwortet der Verkäufer?

a) »Das ist mir wirklich furchtbar unangenehm, jetzt bekommen Sie ein nagelneues Gerät.«
b) »Tut mir leid, wir versuchen noch einmal unser Bestes.«
c) »Das ist doch unmöglich. Den haben Sie bestimmt selbst kaputtgemacht.«

Auf den folgenden Seiten finden Sie die Auswertung und Interpretation des Tests.

Auswertung
Bitte addieren Sie zunächst Ihre Punktzahlen. Bei Aufgabe 1 bekommen Sie für die Ankreuzung a) 0 Punkte, für b) 2 Punkte und für c) 4 Punkte. Dazu die folgende Tabelle:

Aufgabe	Antwort a)	Antwort b)	Antwort c)
1	0	2	4
2	4	0	2
3	0	4	2
4	4	0	2
5	2	4	0
6	4	0	2
7	0	2	4

Maximal können Sie 28 Punkte erreicht haben, minimal 0. Ihr Ergebnis muss in jedem Fall eine gerade Zahl sein, ansonsten haben Sie einen Additions- bzw. Übertragungsfehler gemacht (und sind durch den Rechentest gefallen …).

Bitte tragen Sie Ihren Punktwert auf der folgenden Skala ein:

depressiv **angemessen** **aggressiv**

0 2 4 6 8 10 12 14 16 18 20 22 24 26 28

Was sagt Ihnen und uns der erreichte Punktwert? Zunächst einmal: Hier waren sieben Situationen skizziert, die durch Enttäuschungen, Ärger, Schwierigkeiten, Probleme und Unannehmlichkeiten gekennzeichnet waren. Das sind Situationen und Erlebnisse, die wir alle in unserem Alltag zur Genüge kennen. Interessant ist, wie wir damit umgehen: Der eine macht seinem Ärger deutlich Luft und schimpft, der andere schluckt seinen Ärger runter und schweigt. Der eine brüllt, der andere weint. Der eine glaubt, sich dafür entschuldigen zu müssen, »dass er geboren wurde«, der andere verlangt wutschnaubend nach seinem Recht. Zwischen diesen beiden extremen Verhaltensweisen gibt es auch den »goldenen Mittelweg«.

Was, glauben Sie, trifft auf Sie zu? Eine Extremposition – etwa so: Mit der Faust auf den Tisch oder mit dem Ärger und dem Geschwür im Magen? Zu welcher »Sorte Mensch« gehören Sie – zu den Extremen (Faust oder Geschwür), oder liegen Sie »in der Mitte«?

Aufbau
Bei jeder Situation ging es nicht um Person B (egal ob Kellner, Aufgeweckter, Monteur etc.), sondern eigentlich um Sie. In einer durch Schwierigkeiten, Unannehmlichkeiten und Frustrationen gekennzeichneten Situation mussten Sie sich zwischen drei Antwortmöglichkeiten und damit Reaktionsweisen entscheiden.

1. Da gab es jeweils die Möglichkeit, seinem Ärger Luft zu machen und zu schimpfen (z. B. den nächtlichen Anrufer einen Vollidioten nennen: 1c; so auch bei 2a, 3b, 4a, 5b, 6a, 7c; diese Ankreuzungen bekamen jeweils 4 Punkte).

2. Als anderes Extrem wurde die Möglichkeit angeboten, den Ärger »runterzuschlucken« und in sich »reinzufressen «, z. T. auch überhaupt das Vorhandensein von Ärger, Wut und Enttäuschung zu leugnen (dem nächtlichen Anrufer zu erklären, man habe noch nicht so fest geschlafen: 1a; so auch bei 2b, 3a, 4b, 5c, 6b, 7a – jeweils mit 0 Punkten bewertet).

So ergeben sich die Eckpfeiler, die die extremen Positionen kennzeichnen, wenn es um frustrierende Situationen geht: wütende (aggressive) Reaktion auf der einen Seite und Ärger bzw. Wut »runterschluckende« (depressive) Reaktion auf der anderen.

3. Hier wurde versucht, eine halbwegs angemessene, weder zu aggressive noch zu sehr den Ärger »runterschluckende« Antwort auf die Frustration zu finden. Deutlich wurde der Versuch unternommen, irgendwie konstruktiv mit der schwierigen Situation klarzukommen, ohne die Enttäuschung und die entstandenen Schwierigkeiten verleugnend zu beschönigen: 1b, 2c, 3c, 4c, 5a, 6c, 7b.

Interpretation

0–8 Punkte

Sie neigen in ausgeprägter Weise dazu, Ihren Ärger »runterzuschlucken« bzw. ihn nicht wahrhaben zu wollen. Kennen Sie das: Magen- oder Kopfschmerzen, das ohnmächtige Gefühl, mit tränenerstickter Stimme kein Wort rauszukriegen? Das ist alles furchtbar ungesund. Bei 6 Punkten deutet sich eine Tendenz zur Hoffnung an, sich bald angemessener mit ärgerlichen Situationen auseinanderzusetzen. Machen Sie so weiter!

10–18 Punkte

Hier sind Sie im Mittelbereich. Sie scheinen in der Lage zu sein, angemessen auf Frustrationen, die das Leben bereithält, reagieren zu können. Ganz besonders gilt das für die Punktwerte 12, 14 und 16. Sollten Sie den Punktwert 10 haben, laufen Sie ein wenig Gefahr, sich dem Tal der »Runterschlucker« zu sehr zu nähern. Achtung: Dies gilt auch für den Punktwert 18, allerdings mit entgegengesetztem Vorzeichen: Achten Sie darauf, nicht »zu viel Gas« zu geben, Ihr Temperament nicht mit Ihnen durchgehen zu lassen. Ansonsten sind 14 und 16 die Positionen, mit denen man im Leben wahrscheinlich am besten fährt.

20–28 Punkte

Sie scheinen das Motto »Wer sich nicht wehrt, lebt verkehrt« zu Ihrer generellen Richtschnur gemacht zu haben. Vorsicht! Sie laufen Gefahr, zu grob und ungerecht mit Ihrer Umwelt umzugehen. Vielleicht bekommen Sie später einmal Bluthochdruck …

Hintergrund

Wozu ein solcher Test dienen kann: Angenommen, Sie sind im Außendienst einer Versicherung tätig, müssen »Klinken putzen gehen«, viele Gespräche führen, bevor es endlich klappt und Sie jemanden zum Abschluss einer Reisegepäckversicherung überzeugt haben. Bei diesem Beruf könnte es gut möglich sein, dass der Arbeitgeber Sie bei der Bewerbung mit einem ähnlichen Test konfrontiert. Er will möglichst vorher herausfinden, wie Sie mit den zu erwartenden Schwierigkeiten – viele Leute wollen gar keine Versicherung abschließen –, wie Sie also mit diesen Enttäuschungen umgehen. Lassen Sie sich davon »fertigmachen«, oder können Sie auch noch nach dem 15. vergeblichen Gespräch weiterarbeiten? Das bedeutet: weder mit Tränen in den Augen noch mit einer geballten Faust in der Tasche.

Ohne dass Sie das sofort durchschauen: Es geht bei diesem Test um Ihre Anpassungsfähigkeit. Können Sie in heiklen Situationen angemessen reagieren, d. h. nicht gleich losplatzen, explodieren und auf die Barrikaden gehen oder andererseits sich nicht sofort ganz und gar zurücknehmen, verkriechen und dafür entschuldigen, dass Sie geboren worden sind?

Den eben von Ihnen absolvierten Test gibt es wirklich. Natürlich war das nur ein ganz kurzer Auszug. Dieser »Picture Frustration Test« des amerikanischen Psychologen Rosenzweig soll – wie geschildert – Aufschluss darüber geben, wie die getestete Person auf Frustrationen reagiert. Ob Sie es glauben wollen oder nicht: Dieser Test wird tatsächlich in der einen oder anderen Form von Arbeitgebern eingesetzt. Man kann darüber spekulieren, wer mithilfe dieses Persönlichkeitstests »ausgesiebt« werden soll – die zu Aufmüpfigen oder die zu stillen Sensibelchen.

Lesehinweis

- Persönlichkeitstests aus der Exakt-Reihe

Hinweise zum Assessment-Center

Was ist ein Assessment-Center?

»Assessment Center« (engl. to assess = einschätzen, center = Mittelpunkt) ist der Begriff für ein Testverfahren, das besonders in den USA angewendet und erweitert wurde und mittlerweile auch in Deutschland immer größere Verbreitung findet.

Der englische Ausdruck täuscht darüber hinweg, dass dieses Prüfungsverfahren ursprünglich in Deutschland unter der Bezeichnung »Heerespsychotechnik« entwickelt und zur Auslese des Offiziersnachwuchses eingesetzt wurde. In den 50er-Jahren entdeckte die amerikanische Wirtschaft diese Methode, um Bewerber auf ihre Eignung hin zu prüfen. Und seit den 70er-Jahren wird das Assessment-Center in Deutschland mehr und mehr zur Personalauswahl herangezogen. Das Verfahren wird besonders im Managementbereich angewendet, mittlerweile aber auch für angehende Azubis eingesetzt, besonders wenn sie sich bei Banken und Versicherungen bewerben.

Beim Assessment-Center wird durch eine Kombination verschiedener Verhaltens- und Arbeitsproben eine Personalauswahl getroffen. Die Bewerber oder Teilnehmer eines AC-Verfahrens bearbeiten Aufgaben, die die künftige Führungssituation simulieren sollen. Die dabei zum Tragen kommenden Verhaltensweisen und Leistungsergebnisse werden von sogenannten Assessoren (meistens Führungskräfte aus dem Unternehmen, aber auch Psychologen) beobachtet und bewertet. Die wichtigsten Tests, Aufgaben und Übungen in diesem Verfahren sind:

- Interviews (einzeln und in Gruppen)
- Postkorbübung (typische Aufgabenstellungen aus dem Berufsalltag)
- Fabrikationsaufgaben (ein produzierendes Unternehmen wird simuliert)
- Rollenspiele (meist zu zweit, z. B. Verkaufs-, Mitarbeiter-, Problem-/Konflikt-Gespräch)
- Präsentationen und Vorträge
- Gruppendiskussionen (mit und ohne Rollenvorgabe)
- individuell auszuführende Arbeitsproben und Aufgaben
- Intelligenz- und Leistungstests
- Persönlichkeits- und Interessentests
- biografische Fragebögen
- Lebenslauf

Wir können hier nicht auf alle Aufgaben und Tests im Einzelnen eingehen. Es soll hier lediglich ein Überblick gegeben werden, was Sie in einem Assessment-Center erwarten kann.

Die Durchführungszeit eines ACs beträgt in der Regel drei bis acht Stunden, in seltenen Fällen auch mal zwei ganze Tage. Hierbei bearbeiten sechs bis zwölf Teilnehmer zwischen acht und zwölf Übungen. Da Zeit Geld ist, wenden immer mehr Unternehmen bei Ausbildungsplatzbewerbern auch eine Art Mini-AC an, das nur ein bis drei Stunden dauert.

Wie bereits oben erwähnt, spielen die Assessoren eine wichtige Rolle. Diese drei bis sechs Beobachter repräsentieren die Bewerberauswähler und die Ausbildungsplatzvergeber, von deren Entscheidung abhängt, wer eingestellt wird. Anders formuliert: Sie bilden die Prüfungskommission, die wie Juroren beim Eiskunstlauf ihre Bewertungen abgeben. Manchmal treten auch sogenannte Moderatoren auf, deren Aufgabe es ist, die einführenden oder überleitenden Worte zu den AC-Aufgaben zu finden, den organisatorischen Ablauf zu steuern und ggf. das eine oder andere Späßchen zu machen, um die angespannte Situation ein wenig aufzulockern.

Folgende Merkmale und Anforderungen sollen beim AC überprüft werden:

- soziale Kompetenz (z. B. Kooperationsfähigkeit, Kontaktfähigkeit, Sensibilität)
- systematisches Denken und Handeln (z. B. abstraktes und analytisches Denken, Entscheidungsfähigkeit, Planungs- und Kontrollfähigkeit)
- Aktivität (z. B. Arbeitsmotivation, Führungsantrieb, Durchsetzungsvermögen und Selbstständigkeit)
- Ausdrucksvermögen (z. B. schriftliche und mündliche Kommunikationsfähigkeit und Flexibilität)

Einige Testaufgaben aus diesem Buch werden Ihnen für das erfolgreiche Bestehen eines Assessment-Centers behilflich sein, aber nur mit dem Üben von Aufgaben ist es nicht getan, da ein solches Auswahlverfahren auch viele weitere Aufgaben umfasst. Wichtig ist, dass Sie besonders auf Ihr Verhalten achten, da Sie bei diesem Auswahlverfahren ganz genau von den Assessoren beobachtet werden.

Die 11 wichtigsten Verhaltensregeln für das AC-Interview:

- Hören Sie aufmerksam, konzentriert-zugewandt zu.
- Halten Sie angemessenen Blickkontakt.
- Beobachten Sie genau (ohne zu mustern).
- Überlegen Sie, bevor Sie antworten, nehmen Sie sich die Zeit.
- Scheuen Sie sich nicht, nachzufragen.
- Reden Sie lieber etwas weniger als zu viel.
- Lassen Sie Ihren Gesprächspartner (aus-)reden.
- Warten Sie ab, stehen Sie auch mal eine kleine Gesprächspause durch.
- Seien Sie lieber etwas zurückhaltender als zu offensiv.
- Bleiben Sie sachlich, ruhig, geduldig und gelassen.
- Last but not least: Achten Sie auf Ihre Körpersprache.

Kritik am Assessment-Center

Ob ein solches Testverfahren wirklich halten kann, was es verspricht, nämlich die Besten und Fähigsten herauszufiltern, steht auf einem ganz anderen Blatt. Da gehen die Meinungen durchaus auseinander, und auch die Autoren dieses Buches haben ihre Zweifel. Beruflichen Erfolg vom Abschneiden im Testverfahren abzuleiten, ist wissenschaftlich nicht haltbar. Hinzu kommt, dass es sich bei den eingesetzten Tests zum Teil um unzureichende, veraltete Verfahren mit höchst fragwürdiger theoretischer Grundlage handelt. Aber was nutzt es Ihnen, zu wissen, dass es viele Skeptiker – wenn nicht sogar Gegner – gibt, Ihr Wunschunternehmen aber nicht auf diese Methode verzichten will? Deshalb geht es uns darum, Ihnen zu helfen, ein solches Verfahren erfolgreich zu bestehen.

Lesehinweise

- **Assessment Center für Hochschulabsolventen**
- **Die 100 wichtigsten Tipps zum Assessment Center**
- **Testtraining für Ausbildungsplatzsuchende**
- **Testtraining 2000plus**

Kleines Testtrainingslexikon

Hier zum Abschluss eine lexikonartige Zusammenstellung von speziellen Wörtern, wie sie in Testverfahren Verwendung finden und deshalb für Sie von Bedeutung sein könnten, von abstrakt, abstrus und absurd (mit und ohne Erklärung) bis Zyklon, Zyklone, Zyklop und Zylinder. Es geht um Rechtschreibkenntnisse – Achtung, diese verändern sich –, aber auch um die Kenntnis von Fremdwörtern, Namen und Abkürzungen.

A

abstrakt *begrifflich, nur gedacht*
abstrus *verworren*
absurd *widersinnig*
Ährenkörner
ärgerlich
AG *Aktiengesellschaft*
aggressiv
agil *flink, geschäftig*
Akelei *Zierpflanze*
Akkord
Akkordeon
akut
AKW *Atomkraftwerk*
Alaska
Allianz *Bündnis*
Almosen *Gabe*
altruistisch *uneigennützig*
Aluminium
Anämie *Blutarmut*
analog *entsprechend, gleichartig*
Anatomie *medizinisches Fachgebiet; Form, Körperbau*
Anekdote *kurze, lustige Geschichte*
annähernd
Annonce *Anzeige*
annoncieren *eine Anzeige aufgeben, anzeigen*
anonym
anstatt
Anstoß
Anthropologie *Wissenschaft vom Menschen*
Anubis *ägyptischer Gott*
Apparat
Appetit
Aquarell
Aragon *Louis A. franz. Schriftsteller (1897–1982)*
Ararat *Name eines Vulkans; Stadt in Australien*
Arbeitsmilieu
Armada *Streitmacht*
Arnika *Heilpflanze*
Arrest
Artist
Aspekt
Assuan *Stadt in Oberägypten*
Asthma *anfallsweise Atemnot*
Atheist
athletisch
Attila *Hunnenkönig*
Augenliderhärchen
Avalon *u. a. Halbinsel (Neufundland)*

B

Ballade *Gedichtform*
Balletttruppe
Bambus
Barometer
Bauxit *Aluminiumerz*
bemäkeln *meckern, kritisieren*
Bibliothek
Bizeps *Oberarmmuskel*
böswillig
Bonbonniere *(neu auch: Bonboniere)*
Bombay *Stadt in Indien*
Bovist *Pilz*
Brahms *Johannes B. Komponist (1833–1897)*
Branche
Brennnessel
brütend heiß
Brokat *kostbares Seidengewebe*
Brügge *Stadt in Belgien*
Budget *Haushaltsplanung*

C

CD *Corps Diplomatique*
Charge *u. a. Dienstgrad; Nebenrolle*
Chaussee
Chemikalien
Chinin *Alkaloid der Chinarinde, als Medikament verwendet*
Chopin *Frédéric C. Komponist (1809–1849)*
Chor
Choral *Kirchengemeindegesang; relig. Lied*
Chroniken *geschichtliche Aufzeichnungen*
chronisch *langsam verlaufend, ständig*
Couvier *Georges C. franz. Anatom und Zoologe (1769–1832)*

D

Dahlie *Blütenpflanze*
debattieren
Deformation *Verformung, Verunstaltung*
deklamieren *u. a. vortragen*
Delegation *Abordnung*
Delikt *Vergehen*
Delphi *altgriechische Tempelstadt*
Delta *griech. Buchstabe; Flussmündungsgebiet*
demütigen
Depesche *veraltet für Telegramm*
Deserteur *Fahnenflüchtiger*
Despot *Tyrann*
Detail *Einzelheit*
detailliert
Determinante u. a. *Rechenausdruck in der Algebra; bestimmbarer Faktor*
Devise *Leitspruch*
Devisen *u. a. Zahlungsmittel*
dezent
Dezimalwaage
Differenz
Dilemma *Zwangslage*
Diskus *u. a. Sportgerät*
Diskussion
Distel
Disziplin
Dörrobst
Drehorgel
Dreschflegel

Druide *keltischer Priester*
Dünkel *Einbildung, Hochmut*
Duplikat
Dvořák Antonin D. *Komponist (1841–1904)*

E

Edison Thomas A. E. *Erfinder (1847–1931)*
Effekt
Effizienz *Wirksamkeit*
ehrerbietig
Eidechse
elastisch
Emblem *Hoheitszeichen, Sinnbild*
Emotion
endgültig
Epilog *Nachspiel, Nachwort*
Epos *erzählende Versdichtung; Heldengedicht*
Erosion *u. a. Auswaschung*
Erpel *männl. Ente*
Escudo *portug., chil. Währungseinheit*
Etappe
eventuell
Evolution
Export
extrovertiert *nach außen gerichtet*

F

Fabel
faszinieren
fatal
Filiale
Fond *u. a. Autorücksitz*
Fonds *u. a. Geldvorrat*
fortschreitend
fortwährend
Fuge *u. a. Satzart in der Musik*
Fugger *schwäb. Kaufmannsgeschlecht (15./16. Jh.)*
fundiert *begründet*
Funktion

G

Galopprennbahn
Gasometer *Behälter für Leuchtgas*
gediegen
Geisha *japan. Tänzerin, Sängerin, Gesellschafterin*
Gemäldegalerie
generell
genesen
genießen
Geoid *mathemat. vereinfachte Erdfigur*
Geranie *Blume*
Gesandtschaft
Gesinde *landwirtsch. Arbeitskräfte*
gewähren
Gewandtheit
Gewehr
Geweih
Gicht
Gounod Charles G. *Komponist (1818–1893)*
Gracht *schmaler Kanal*
Gradierwerk *dient zur Salzaufbereitung*
gratis
Grazie *u. a. Anmut*
Gutmütigkeit

H

Haarschere
hämisch
Hanf
Hangar *Flugzeughalle*
Heerschar
Hektik
Helium *Edelgas*
Hieroglyphen *u. a. ägypt. Bilderschrift*
Humanismus
Hydrant
Hymne
Hysterie *psychische Erkrankung*

I

ideal *u. a. vollkommen*
ideell *gedanklich, eine Idee betreffend*
Identifizierung
Idiosynkrasie *Überempfindlichkeit gegen bestimmte Stoffe*
ignorieren
illustrieren
Imitation
indirekt
Indiskretion *u. a. Mangel an Verschwiegenheit*
Indossament *Übertragung aller Rechte aus einem Wechsel*
infolgedessen
Integration
irden *u. a. aus Ton gefertigt*

J

Jaguar
Jasmin *Zierstrauch*
Junior

K

Kanallotse
Kapital
kaputt
Karies
Karikatur
Karosserie
Karussell
Kasino
Katalog
Kitsch
kolossal
Kompromiss
Kompetenz
Kompost
konfus
Konjunktur
konkurrenzfähig
Konkurs
Kontingent *u. a. Anteil zu Leistungen*
Kontrollapparat
Konvoi *Geleitzug*
korrekt
Kosmos
Kredit
Kruzifix
Krypta *unterirdische Kammer*

L

Labyrinth
Läsion
Laienvorstellung
lakonisch
Laotse *chines. Philosoph*
Laubsägeblätter
Legende *u. a. Zeichenerklärung; sagenhafte Geschichte*
Legierung
Legion *u. a. altröm. Heereseinheit*
liberal
Liberalisierung
limitiert
logisch
Louvre *Museum in Paris, ehem. Schloss*
luxuriös
Luxus
Lymphe *u. a. Gewebeflüssigkeit*

M

mästen
Mandant
mannigfaltig
Marder
Marokko
Materie
materiell
Matrix *u. a. in der Mathematik ein Schema von Zahlen*
Methode
mimosenhaft *besonders empfindlich*
Misanthrop *Menschenfeind*
Misstrauen
Mistel
Mörser
Mohawk *nordamerik. Indianerstamm*
Molekül *kleinste Einheit einer chem. Verbindung*

Monopol
Moritat *Bänkellied*
Musikkapelle
Mutation *u. a. Erbänderung*

N

nachweislich
Nähmaschine
nämlich
Nautik
Nihilismus
Nitrat *Salz der Salpetersäure*
Novelle
Nylon
Nymphe *u. a. weibl. Naturgottheit*

O

Ökosystem
Offerte
Okular *dem Auge zugewandte Linse eines opt. Instruments*
Opal
Opposition
orientalisch
ornamental
Osiris *Name eines ägypt. Gottes*
Osmose *chem. Vorgang*

P

Parallele
Parole
Passagier
Pazifist
pedantisch *übertrieben genau*
Perlon
Perücke
Pestizid
Petroleum
Planck Max P. *Physiker (1858–1947)*
Platin
Ponton *Brückenschiff*
Portemonnaie *(neu auch: Portmonee)*
Porzellan
Potenzial
Präambel *u. a. Einleitung zu einer Verfassung*
prekär *schwierig, heikel*
Prestige *Geltung, Ansehen*
profan *u. a. alltäglich*
profund *u. a. gründlich*
Prolog *Einleitungsteil, Vorrede*
prompt *u. a. unverzüglich*
Propaganda *polit. Werbung*
Prophet
Proton *Elementarteilchen*

Q

Quast *u. a. breiter Pinsel*
Quote *u. a. Anteil*

R

Radium *chem. Element*
Rasierapparat
Ration
rational
rationell
reaktionär
Reflex
Rekrut *Soldat in Ausbildung*
Renoir *u. a. Auguste, franz. Maler (1841–1919)*
repräsentativ
Resistenz *Widerstand*
Resolution
Resonanz
revidieren
Rhabarber
Rhododendron
Rhythmus
Rokoko
Routinier
Roxane *Gemahlin Alexanders des Großen (gest. ca. 310)*

S

Sahara
Salzbrezel
sarkastisch *höhnisch, spöttisch*
Satellit
Savanne *tropische Steppe*
schaudernd
Schifffahrt
Schlämmkreide
Schwefeldioxyd *(neu auch: ...oxid)*
Seismograph *(neu auch: Seismograf) Erdbebenmesser*
Sekret
Sekretärin
Sektor
Selektion
senil
sensibel
Sensibilität
seriös
Silo
simulieren
sinnieren
Smyrna *Stadt in der Türkei*
Spagat
Spülmaschine
Subvention
Sympathie
stimulieren
Strapaze
Struktur

T

Taifun
Tapir *südamerik. u. asiat. Unpaarhufer*
Theben *griech. Stadt*
Thorium *chem. Element*
Tigris *Fluss in Vorderasien*
todkrank
Toledo *Stadt in Spanien*
Torso
totlachen
Toulon *Stadt in Frankreich*
Toxin
Traktat *u. a. Abhandlung*
transversal *quer verlaufend*
transzendent
Trapez
Travestie *satirische Dichtungsart*
Tresor
Tresse *Borte*
Trift *u. a. Weide*
Trikot
Trophäe
trübselig
Tundra *baumlose Kältesteppe*
Tyrannei

U

unentgeltlich
ungestüm
universal
unverhohlen
unwiderstehlich
Urahnen

V

Vagabund
Vakuum
Vasall *Gefolgsmann im Mittelalter*
vehement
Ventil
verhohnen
Viadukt
vital
vulgär *u. a. gewöhnlich*

W

Wagnis
wahrscheinlich
widerstandsfähig
wohlwissend

Z

Zensor *u. a. Überprüfer der Inhalte von Druckwerken*
zerreißen
Zivilisation
Zuschauertribüne
Zyklon
Zyklone *Tiefdruckgebiet*
Zyklop *mytholog. Gestalt*
Zyklus
Zylinder

Nachwort

Zum Schluss möchten wir noch auf die Frage eingehen, warum Testverfahren eingesetzt werden, und unsere Meinung zur Testpraxis darlegen.

Testbefürworter argumentieren etwa so:

- Die auf Tests basierenden Personalentscheidungen sind gerechter, rationaler und transparenter als solche, die auf Zeugnisse, Gesprächseindrücke oder gar Grafologie zurückgreifen.
- Ein Vorzug von Tests besteht in der direkten Vergleichbarkeit der gezeigten Leistungen. Alle Bewerber haben die gleichen Chancen, jeder bekommt die gleichen Testaufgaben, alle haben die gleiche Testbearbeitungszeit, und das Testergebnis wird nach dem gleichen Schema ausgewertet. Damit sind Tests objektiver.
- Einstellungstests werden regelmäßig auf ihre Vorhersagequalität (Gültigkeit/Validität) untersucht. Deshalb sind Einstellungstests besonders fair.
- Man kann Schulnoten, Zeugnissen usw. nicht trauen. Sie ermöglichen auch keine Aussage über zukünftige Leistungen. Da kann nur ein Test helfen.
- Tests dienen dazu, dem Arbeitgeber teure Fehlentscheidungen bei der Bewerberauswahl zu ersparen. Sie helfen aber auch dem Bewerber, indem sie ihm ein Feedback darüber geben, ob er für eine bestimmte berufliche Aufgabe geeignet ist oder nicht.

Solche und ähnliche Argumente kann man immer wieder hören, wenn Testbefürworter sich bemühen, den Einsatz von Testverfahren bei der Personalauslese zu rechtfertigen.

Auf der anderen Seite – haben Sie schon mal etwas davon gehört, dass Positionen wie die eines Topmanagers, Professors oder gar die des Bundeskanzlers mittels eines Tests besetzt worden sind? Getestet werden in der Regel nur »die Kleinen«, die sich gegen derartige Prozeduren nicht wehren können. Ein Kultusminister (studierter Germanist), der sich freiwillig einem Rechtschreibtest unterzogen hatte, machte so viele Fehler, dass er nirgendwo eine Chance auf einen Ausbildungsplatz hätte. Wir halten die gängige Testpraxis bei der Auswahl von Bewerbern für höchst frag- und kritikwürdig.

Zusammengefasst beziehen sich unsere wichtigsten Kritikpunkte auf:

A. Die Instrumente (Tests)

a) die fragwürdigen theoretischen Grundlagen der Verfahren (wie »Intelligenz«, »Berufseignung« und »Persönlichkeit « genau definiert oder gar »gemessen« werden konnen, ist in der Psychologie höchst umstritten)

b) die fragwürdigen Testinhalte (oft fehlender Bezug zur angestrebten Berufstätigkeit bzw. zur täglichen Berufspraxis)

c) die fragwürdigen Aussagen/Vorhersagen aufgrund von Tests (von wissenschaftlicher Seite wird der Ableitung und Vorhersagbarkeit des Berufserfolgs aus dem Testerfolg entschieden widersprochen, trotzdem werden Entscheidungen aus Tests abgeleitet)

B. Die Test-Situation

Durch die Undurchschaubarkeit der Situation, durch teilweise sinnlos anmutende Testfragen und -aufgaben kann der Einstellungstest für die Bewerber ein unangenehmes, einschüchterndes Erlebnis sein. Eine gute Vorbereitung kann dabei helfen, dass das Testverfahren nicht zu einer schlimmen Erfahrung wird, schon allein, weil man weiß, was auf einen zukommt.

C. Juristische Aspekte

Die juristischen Zulässigkeitsvoraussetzungen für Tests werden in der Regel nicht erfüllt: oft gibt es keine fachlich kompetente Leitung der Tests (Laien statt Fachpsychologen). Auch die Beschränkung auf arbeitsplatzbezogene Merkmale wird nicht immer eingehalten. Zum Teil werden »selbstgestrickte«, wissenschaftlich nicht ausreichend abgesicherte Verfahren oder Persönlichkeitstests rechtswidrig eingesetzt.

Auch wenn immer mehr kompetente Leute Einstellungs- und andere Testverfahren für äußerst fragwürdig halten: Man kommt an ihnen zurzeit noch nicht vorbei. Deshalb gilt: Schlaue Vorsicht walten lassen und sich sorgfältig vorbereiten!

Literaturhinweise

Wir haben noch andere, umfassendere oder speziellere Bücher geschrieben, die Ihnen bei der Testvorbereitung helfen können.

- Testtraining 2000plus, Einstellungs- und Eignungstests erfolgreich bestehen; Stark Verlag
- Der Testknacker, Einstellungstests verstehen und lösen; Stark Verlag
- Das große Testtraining der Allgemeinbildung, So erweitern Sie Ihr Wissen; Stark Verlag
- EXAKT – Testtraining Allgemeinwissen, Eignungs- und Einstellungstests sicher bestehen; Stark Verlag
- Testtraining für Ausbildungsplatzsuchende, Wie man Assessment Center und andere Gruppenauswahlverfahren erfolgreich besteht; Stark Verlag
- EXAKT – Die 100 wichtigsten Tipps zum Assessment Center, Für eine optimale Vorbereitung in kürzester Zeit; Stark Verlag
- Assessment Center für Hochschulabsolventen, Ihr erster Schritt auf der Karriereleiter; Stark Verlag
- Testtraining Polizei und Feuerwehr, Einstellungs- und Eignungstests erfolgreich bestehen; Stark Verlag
- EXAKT – Testtraining Logik, Eignungs- und Einstellungstests sicher bestehen; Stark Verlag
- 1 x 1 Logik-Tests; Stark Verlag
- EXAKT – Persönlichkeitstests, Verstehen – durchschauen – trainieren; Stark Verlag
- Testtraining Banken und Versicherungen, Einstellungs- und Eignungstests erfolgreich bestehen; Stark Verlag
- EXAKT – Testtraining Rechnen und Mathematik, Eignungs- und Einstellungstests sicher bestehen; Stark Verlag
- EXAKT – Testtraining Technisches Verständnis, Eignungs- und Einstellungstests sicher bestehen; Stark Verlag
- EXAKT – Testtraining neue deutsche Rechtschreibung, Optimale Vorbereitung auf Eignungstests, Bewerbung und Berufsalltag; Stark Verlag
- EXAKT – Testtraining Textaufgaben, Optimale Vorbereitung auf Eignungs- und Einstellungstests; Stark Verlag

Lösungsverzeichnis

Zu allen Themengebieten, zu welchen Sie das Icon auf der rechten Seite finden, stehen Ihnen ausführliche Lösungswege und Erklärungen in Form unseres Online Content im Internet unter **www.testtraining-spezial.de** zur Verfügung. [www]

Allgemeinwissen-Testaufgaben (S. 7 – 36)

1. Staat und Politik
1:b / 2:b / 3:c / 4:d / 5:a / 6:c / 7:a / 8:d / 9:b / 10:b / 11:a / 12:d / 13:a / 14:d / 15:d / 16:a / 17:b / 18:c / 19:d / 20:c / 21:a / 22:b / 23:b / 24:c / 25:d / 26:d / 27:a / 28:c / 29:b / 30:a / 31:b / 32:b / 33:d / 34:d / 35:c / 36:c / 37:d / 38:a / 39:d / 40:a

2. Geschichte
1:d / 2:c / 3:c / 4:b / 5:c / 6:c / 7:c / 8:d / 9:a / 10:c / 11:a / 12:c / 13:c / 14:b / 15:b / 16:c / 17:d / 18:c / 19:c / 20:a / 21:d / 22:a / 23:b / 24:d / 25:b / 26:a / 27:c / 28:c

3. Wirtschaft
1:c / 2:a / 3:d / 4:b / 5:a / 6:a / 7:a / 8:a / 9:c / 10:c / 11:b / 12:a / 13:c / 14:b / 15:c / 16:d / 17:b / 18:c / 19:d / 20:c / 21:d / 22:c / 23:a / 24:d / 25:b / 26:a / 27:b / 28:c / 29:a / 30:d / 31:c / 32:d / 33:b / 34:d / 35:b / 36:a / 37:d / 38:a / 39:d

4. Geografie
1:b / 2:d / 3:d / 4:b / 5:c / 6:b / 7:b / 8:c / 9:c / 10:c / 11:b / 12:c / 13:b / 14:c / 15:c / 16:c / 17:c / 18:a / 19:c / 20:a / 21:a / 22:c / 23:a / 24:b / 25:a / 26:b / 27:d / 28:b / 29:a / 30:b

5. Technik
1:a / 2:b / 3:c / 4:b / 5:b / 6:c / 7:a / 8:d / 9:a / 10:c / 11:c / 12:a / 13:b

6. Physik
1:d / 2:d / 3:b / 4:c / 5:d / 6:d / 7:a / 8:b / 9:a / 10:c / 11:a / 12:b

7. Astronomie
1:c / 2:d / 3:c / 4:c / 5:b / 6:c / 7:c / 8:a

8. Computer
1:b / 2:a / 3:b / 4:b / 5:b / 6:d / 7:a / 8:d / 9:c / 10:c / 11:b / 12:b / 13:b / 14:a

9. Gesundheit
1:b / 2:d / 3:d / 4:c / 5:d / 6:d / 7:b / 8:c / 9:d / 10:d / 11:c / 12:d / 13:c / 14:d

10. Ernährung
1:b / 2:c / 3:d / 4:c / 5:d / 6:d / 7:b / 8:c / 9:b / 10:d

11. Biologie
1:d / 2:b / 3:b / 4:a / 5:d / 6:b / 7:c / 8:d / 9:a / 10:a / 11:b / 12:c / 13:c / 14:c / 15:d / 16:c / 17:a / 18:b / 19:d / 20:d / 21:d / 22:d / 23:d / 24:d / 25:c / 26:c

12. Chemie
1:c / 2:b / 3:c / 4:c / 5:b / 6:b / 7:c / 8:a / 9:b / 10:d

13. Kunst
1:b / 2:c / 3:b / 4:d / 5:a / 6:b / 7:a / 8:c / 9:d / 10:b / 11:d / 12:a /13:c / 14:a / 15:c / 16:c / 17:c / 18:c / 19:a / 20:d / 21:c / 22:d / 23:d / 24:d / 25:d / 26:b

14. Architektur
1:a / 2:d / 3:b / 4:c / 5:c / 6:c / 7:b / 8:c

15. Literatur
1:d / 2:c / 3:c / 4:a / 5:c / 6:c / 7:c / 8:a / 9:d / 10:c / 11:c / 12:c / 13:d / 14:b / 15:d / 16:c / 17:b / 18:d / 19:c / 20:d / 21:b

16. Musik
1:d / 2:b / 3:a / 4:b / 5:b / 6:a / 7:c / 8:c / 9:d / 10:d / 11:a / 12:a / 13:d / 14:b

17. Interkulturelles
1:a / 2:b / 3:c / 4:a / 5:d / 6:c / 7:a / 8:d / 9:d / 10:a

18. Bedeutende Persönlichkeiten
1:a / 2:c / 3:b / 4:a / 5:b / 6:c / 7:c / 8:c / 9:c / 10:b / 11:a / 12:a / 13:c / 14:b / 15:d / 16:b

19. Bildsymbole
1:c / 2:d / 3:a / 4:a / 5:d / 6:b / 7:c / 8:d / 9:b / 10:a

20. Themenübergreifendes
1:d / 2:a / 3:d / 4:c / 5:c / 6:a / 7:b / 8:b / 9:b / 10:a / 11:d / 12:d / 13:b

www Intelligenz-Testaufgaben (S. 37–58)

1. Wortbedeutungen
1:c / 2:b / 3:d / 4:a / 5:d / 6:b / 7:d / 8:c / 9:c / 10:c / 11:a / 12:d / 13:b / 14:d / 15:c / 16:b / 17:c / 18:c / 19:c / 20:d / 21:a / 22:d / 23:a

2. Sprichwörter
1:d / 2:c / 3:a / 4:c / 5:c / 6:c / 7:a / 8:d / 9:c / 10:c / 11:d

3. Wortanalogien
1:d / 2:c / 3:d / 4:b / 5:d / 6:d / 7:b / 8:c / 9:d / 10:a / 11:c / 12:d / 13:b / 14:c / 15:c / 16:b / 17:c / 18:c / 19:b / 20:d / 21:a / 22:b / 23:c / 24:b / 25:a / 26:d / 27:c / 28:b / 29:d / 30:c2 / 31:b3 / 32:c1 / 33:b1

4. Unmöglichkeiten (f = falsch, r = richtig)
1:df / 2:af / 3:br / 4:dr / 5:cr / 6:cr / 7:cr / 8:cr / 9:dr / 10:cr / 11:ar / 12:dr / 13:cr / 14:dr / 15:br / 16:ar / 17:cr / 18:ar

5. Logisches Denken
1:B / 2:J / 3: keine eindeutige Aussage / 4: keine / 5:A / 6: Alfred / 7: Dagmar / 8: Bärbel / 9:b / 10:a / 11:b / 12:a / 13:a / 14:b / 15: keine (Elfriede könnte z. B. ein Schwein sein, sie ist nicht als Mensch definiert) / 16:c,e / 17:a,c,e / 18:c,d / 19: keine / 20:a,c,d

6. Buchstabenreihen
Teil A: 1:OONN / 2:RRSR / 3:EGIK / 4:OQQP / 5:TSRQ / 6:IJLM / 7:OOPO / 8:FHGI / 9:PONM
Teil B: 1:kl / 2:wy / 3:cf / 4:gf / 5:sn

7. Grafische Aufgaben zum logischen Denken
A: 1:e / 2:a / 3:d / 4:a / 5:c / 6:b / 7:d
B: 1:b / 2:e / 3:c / 4:g / 5:b
C: 1. Aufgabe 1:A / 2:A / 3:B / 4:B / 5:A
2. Aufgabe 1:A / 2:B / 3:B / 4:A / 5:A
3. Aufgabe 1:A / 2:B / 3:B / 4:B / 5:A
D: 1:b / 2:c / 3:a / 4:b / 5:d / 6:f / 7:c / 8:b / 9:f / 10:d / 11:b / 12:e
E: 1:5 / 2:5 / 3:6 / 4:4 / 5:8 / 6:9 / 7:5 / 8:2 / 9:1 / 10:3

8. Räumliches Vorstellungsvermögen
A. Spiegelbilder: 1:C / 2:E / 3:A / 4:D / 5:B / 6:F / 7:A / 8:E / 9:F / 10:C / 11:F / 12:B / 13:D / 14:A / 15:E / 16:C / 17:D
B. Abwicklungen: 1:d / 2:b / 3:c / 4:c / 5:b / 6:c / 7:a / 8:d / 9:c / 10:b / 11:a / 12:d / 13:c
C. Würfelaufgaben: 1:d / 2:b / 3:a / 4:e / 5:c / 6:e / 7:d / 8:b / 9:a / 10:e / 11:d / 12:a / 13:e / 14:d / 15:b

Rechen-Testaufgaben (S. 59–66)

1. Zahlenreihen

1.

A	31	+ 1 + 2 + 3 + 4 + 5 ...
B	20	+ 1 + 1 + 2 + 2 + 3 + 3 ...
C	3	– 2 : 2 – 2 : 2 ...
D	174	+ 2 · 2 + 2 · 2 ...
E	8	: 2 + 2 : 2 + 2 ...
F	220	· 2 · 2 – 10 · 2 · 2 – 10 ...
G	60	– 3 : 2 · 3 – 3 : 2 · 2 ...
H	56	: 4 + 4 · 4 + 4 : 4 + 4 · 4 + 4 ...
I	24	– 3 · 3 + 3 : 3 – 3 · 3 + 3 : 3 ...
J	14	+ 2 – 10 + 4 – 8 + 6 – 6 + 8 – 4 ...

2.

A	11	: 2 + 3 : 2 + 4 : 2 + 5 ...
B	17	– 1 · 1 – 2 · 2 – 3 · 3 ...
C	50	: 4 · 3 + 2 – 1 ...
D	27	+ 3 + 2 – 1 + 3 + 2 – 1 ...
E	74	+ 4 + 6 + 8 + 10 + 12 + 14 + 16 ...
F	29	+ 2 · 2 – 1 – 2 · 2 + 1 + 2 · 2 – 1 ...
G	24	– 3 : 2 · 3 – 3 : 2 · 3 ...
H	25	+ 7 – 2 · 1 + 6 – 3 · 1 + 5 – 4 · 1 ...
I	8	+ 2 – 15 + 4 – 12 + 6 – 9 ...
J	44	+ 4 – 2 + 4 + 2 ...

2. Schätzaufgaben

1:a / 2:c / 3:d / 4:d / 5:c / 6:b / 7:d / 8:a / 9:c / 10:d / 11:b
12:a / 13:d / 14:c / 15:c / 16:c / 17:d

3. Kettenaufgaben

1:10 / 2:37 / 3:24 / 4:109 / 5:10 / 6:39 / 7:6 / 8:4
9:70 / 10:125 / 11:99 / 12:16

4. Summen überprüfen

Für die 17 Aufgaben sind im Folgenden nur die falschen Summen angegeben: 1:b,c / 2:b,d / 3:b,c / 4:a / 5 – / 6:a,c / 7:b,c / 8:a,d / 9:a,d / 10:b,c / 11:a,b,d / 12:c / 13:a,b,d / 14:c / 15:b,d / 16:b,d / 17:d

5. Zahlenmatrizen

A

2 4 6 8
3 5 7 9
1 3 **?** 7 — **5**
? 6 8 **?** — **4** und **10**

System: + 2 + 2 ...

B

12 34 56
23 **?** 67 — **45**
34 56 78

System: Zahlen hochgezählt 1 2 3 4 ...

C

16 64 68
12 48 **?** — **52**
8 32 36

System: · 4 + 4 ...

D

48 51 17 20
51 54 18 21
54 57 **?** 22 — **19**
? 60 20 23 — **57**

System: + 3 : 3 + 3

E

5 3 6
2 **?** 1 — **7**
8 0 9

System: – 2 + 3 – 4 + 5 – 6 + 7 – 8 + 9

F

1 4 9
16 25 **?** — **36**
49 64 81

System: 1 · 1 2 · 2 3 · 3 4 · 4 5 · 5 6 · 6 ...

6. Textaufgaben

1:43 m / 2:13 000 Euro / 3:26,6 m / 4:26 km / 5:256 000 Euro / 6:60 % / 7:50 % / 8:144-mal / 9:37% / 10:1187,50 Euro / 11:50 % / 12:40 Min.

7. Rechenkonzentration

1.

17 57 63 122 98 33 12 193 147 999 336 330
455 196 121 777 857 49 450 321 112 298 435
420 561 43 123 96 108 245 357 425 10 110
114 131 140 287 443 450 133 345 451 499 151

2.

123	321	427	112	118	525	255	124	333
425	775	224	111	110	496	199	451	225
508	622	777	125	116	222	334	375	999

8. Maße und Gewichte

Teil A
1:e / 2:b

Teil B
1:b / 2:c

Teil c
1:a / 2:e

Teil D
1:c / 2:a

Testaufgaben zum Logischen Denken / Abstraktionsvermögen

(S. 67 – 80)

1. Wochentage
1:SO / 2:DO / 3:DO / 4:FR / 5:MI / 6:DO / 7:MO / 8:MO / 9:DO / 10:SA

2. Grafik-Analogien
1:d / 2:e / 3:b / 4:a / 5:e / 6:b / 7:a / 8:c / 9:e / 10:c / 11:a / 12:b

3. Meinung oder Tatsache
1:b / 2:b / 3:a / 4:b / 5:b / 6:b / 7:a / 8:a / 9:a / 10:a

4. Flussdiagramme
1. Fahrkartenautomat: 1.1.:a / 1.2.:c / 1.3.:d
2. Einbruch: 2.1.:a / 2.2.:d / 2.3:b
3. Waschmaschinen: 3.1.:d / 3.2.:a / 3.3.:d

5. Textanalyse
1:d / 2:c

6. Interpretation von Tabellen und Schaubildern

1. Maulwurfspopulationen

1 c Im Ort Z war im Jahr 2015 die höchste männliche Individuenzahl zu verzeichnen, im Ort Y im Jahr 2012 die geringste (664 – 37 = 627). Im Ort Z war im Jahr 2012 die höchste weibliche Individuenzahl zu verzeichnen, im Ort Y im Jahr 2008 die geringste (533 – 23 = 510).
2 e Im Ort X = 199; im Ort Y = 129; im Ort Z = 653. Das sind 981 Individuen.
3 e 598 : 5 = 119,6
4 a Ort Y / 2011 / 2012
5 d Durchschnittliche Anzahl Nachkommen im Ort Y = 55. Durchschnittliche Anzahl Nachkommen im Ort Z = 553,2 (553,2 – 55 = 498,2).

2. Geografie

1: Berlin, Bremen und Hamburg / 2: 442 km / 3: 29,1 km2 / 4: 343 km lang, davon 243 km schiffbar / 5: Bayern mit 70.550,87 km2 / 6: Belgien / 7: Rhein / 8: an achter Stelle / 9: NRW mit 17.571.000 Einwohnern

3. Klima

1:a / 2:b / 3:a / 4:b / 5:b / 6:b / 7:a / 8:a / 9:b / 10:b

4. Wahlergebnisse

1 a stimmt = 32,1 %
2 b stimmt nicht; in den Jahren 2008 und 2012 hat die Partei VWX weniger Stimmen als die STU
3 a stimmt; DEF von 22,1 % auf 28,1 %; STU von 2,3 % auf 5,2 %; VWX von 0,5 % auf 2,0 %
4 b stimmt nicht; in jedem Wahljahr gibt es mindestens eine Partei, die mehr Stimmen hat als die Partei GHI
5 b stimmt nicht; die VWX übersteigt eindeutig nicht die 5 %-Hürde, aber die STU übersteigt mit 5,26 % im Jahr 2012 die 5 %-Hürde
6 a stimmt; die drei Parteien bilden zusammen einen Stimmenanteil von 74,7 %
7 a stimmt; den Werten nach ist der Stimmenanteil bei beiden Parteien in allen drei Jahren geringer geworden; JKL 2004 = 11,1 %, 2008 = 8,3 %, 2012 = 7,2 %; MNO 2004 = 8,3 %, 2008 = 6,4 %, 2012 = 5,4 %
8 b stimmt nicht; das Tortenstück der Partei JKL ist geringfügig breiter als das der Partei PQR; JKL = 8,3 % und PQR = 6,3 %

Rechtschreibungs-Testaufgaben

(S. 81–84)

1. Textkorrektur

Hier die richtigen Schreibweisen (die unterstrichenen Stellen waren falsch):

1. Ein Vorteil, der uneingeschränkt unseren Großkunden zugute kommt.
2. Im Großen und Ganzen ist die Rechtschreibung nun einfacher geworden.
3. Wir wissen, dass seit Jahrzehnten viele hundert Millionen Mark bzw. Euro für Überflüssiges aufgewendet werden.
4. Es ist also nichts Erstaunliches, wenn wir hören, dass dem menschlichen Wollen enge Grenzen gesetzt sind.
5. Die Achttausender des Himalaja wurden schon manchem Bergsteiger zum Verhängnis.

2. Richtige Schreibweise

1: allmählich / 2: Kilojoule / 3: wohlweislich / 4: gesundheitsschädigend / 6: Depesche / 7: Aupairmädchen, Au-pair-Mädchen / 8: Satellit / 9: Corned Beef, Cornedbeef / 10: athletisch / 11: Gelee / 13: Lithographie, Lithografie / 16: Methode / 17: Filiale / 19: Labyrinth / 20: Rhododendron / 21: Portemonnaie, Portmonee

3. Orthografie

1:c / 2:e / 3:d / 4:e / 5:e / 6:e / 7:d / 8:b / 9:c / 10:d / 11:b / 12:b / 13:a, c / 14:b, d / 15:a, b / 16:c / 17:d, e / 18:a, d

4. Zeichensetzung

1. Für eine verbindliche Antwort (0) wäre ich Ihnen äußerst zu Dank verpflichtet.
2. Sie schälte die Orange (0) und schnitt sie in einzelne Stücke.
3. Er sang (0) und sang (0) immer tiefer (,) bis es nicht mehr weiter ging.
4. Für eine baldige Zusage (0) wäre ich Ihnen sehr verbunden.
5. Aus diesem Grund sind gerade Pinguine geeignete Testobjekte für das Studium von Ausmaß (,) Dauer und Bedingungen der Kältegewöhnung.
6. Sie nahm sich eine Taxe (,) um noch rechtzeitig zum Vorstellungsgespräch zu kommen.
7. Im Zusammenhang mit der steigenden Kriminalität (0) nehmen die Verdächtigungen (,) insbesondere was Ausländer anbetrifft (,) beträchtlich zu.
8. »Ich darf es nicht vergessen« (,) dachte der Mann bei sich (,) bevor er endlich einschlief (,) und schon klingelte das Telefon.

5. Korrekte Schreibweise

Aufgabe 1

1. Das Kanzleramt gibt ein Kommuniqué/Kommunikee heraus.
2. Die Sekretärin führt ihre Arbeiten sehr selbständig/selbstständig aus.
3. Maria war die fleißigste Schülerin in der Klasse.
4. Mein Freund ist morgens immer sehr munter.
5. Die Freunde gehen Samstagabend ins Theater.
6. Im Großen und Ganzen hat er die Aufgaben der Klausur lösen können.
7. Erklären Sie mir das bitte auf Deutsch.
8. Das Geschäft musste dem Kunden den Betrag gutschreiben.
9. Wir fuhren mit dem Fahrrad den Waldweg entlang.
10. Der Kapitän heuerte für sein Schiff eine Mannschaft an.
11. Die Punkte der Tagesordnung sind zur besseren Übersicht nummeriert.
12. Die Kinder mögen Spaghetti/Spagetti am liebsten mit Tomatensoße.
13. Marion hat ihr Necessaire/Nessessär im Urlaub vergessen.
14. Er hat die Aufgaben nicht 100-prozentig lösen könnnen, da er zu aufgeregt war.
15. Da der Bankangestellte nur wenig Zeit hat, ernährt er sich vorwiegend von Fastfood/Fast Food.

Aufgabe 2

1. selbst gemacht
2. Rad fahren
3. Wissbegierde
4. Tollpatsch
5. Geographie/Geografie
6. After-Shave-Lotion/Aftershavelotion
7. Gräuel
8. Geschirrreiniger/Geschirr-Reiniger
9. hartgekocht/hart gekocht
10. i-Tüpfelchen
11. Saxophon/Saxofon
12. wundliegen/wund liegen
13. Panther/Panter
14. aufwendig/aufwändig
15. existentiell/existenziell
16. überschwänglich
17. Smalltalk/Small Talk
18. Stängel

Konzentrations-Testaufgaben (S. 85 – 98)

1. Buchstaben einkreisen

		Anzahl
1.	u g k l o b u s o j e (c d e) k p d e g k a q r n m g d b f n m l	1
2.	a b k n x y h j f (a b c) l b v c x g h l n l f l m x a x e r z f j h k	1
3.	t h k l u i r s e f j a b i p k o m b c (g (h i) j) r d c d s z z s g d	2
4.	(k l m) g f d e r s j o l b c a b x c x v x s x y b k u b u m u v e	1
5.	(h i j) g d r t u c f (c d e) t n k l p q d r d t d u d b d e c m a x	2
6.	s f j t z h u j i k o l z h k g g b f v d c s x a y j m h n g f l h o f	0
7.	y d x y h t g b d v c (h (i (j) k) l) o i u z t r e d s t z u i o p s v	3
8.	l h k l u i r s e c d a b h r k o m b c (g (h i) j) r d c d s z z s f	2
9.	a b m g f d e r s j o l b c a b x c x v x s x y b k u b u m u d s	0
10.	d m o g d r t u c f (c d e) t n k l p q d r d t d u d b d e c m d k	1

2. Buchstaben / Zahlen

	A	U	G	K	L	T	Z	C	F	J	B	E	P	T	B	V
	3	X	5	X	6	2	X	4	X	0	8	X	7	2	8	X
1.	K	C	M	P	D	P	N	J	O	B	M	F	D	T	R	Z
	X	4	X	7	X	7	X	0	X	8	X	X	X	2	X	X
2.	Z	R	D	V	J	O	P	S	E	J	L	B	C	M	H	O
	X	X	X	X	0	X	7	X	X	0	6	8	4	X	8	X
3.	O	P	T	Z	E	R	W	A	D	C	X	Y	B	G	I	K
	X	7	2	X	X	X	X	3	X	4	X	9	8	5	1	X
4.	K	H	G	F	D	S	A	Q	W	E	R	T	Z	U	I	O
	X	8	5	X	X	X	3	X	X	X	X	2	X	X	1	X
5.	J	A	P	T	Z	B	C	V	H	L	O	B	X	I	A	C
	0	3	7	2	X	8	4	X	8	6	X	8	X	1	3	4
6.	A	B	Y	X	N	M	C	V	W	R	T	D	L	H	G	I
	3	8	9	X	X	X	4	X	X	X	2	X	6	8	5	1
7.	O	T	H	J	D	S	O	L	A	U	T	Z	R	G	B	Y
	X	2	8	0	X	X	X	6	3	X	2	X	X	5	8	9
8.	J	L	S	A	L	M	U	I	J	T	Z	R	E	D	L	H
	0	6	X	3	6	X	X	1	0	2	X	X	X	X	6	8
9.	C	H	T	E	W	K	L	G	H	D	I	O	U	T	R	W
	4	8	2	X	X	X	6	5	8	X	1	X	X	2	X	X
10.	F	R	E	H	L	A	P	X	Y	V	C	D	R	T	K	O
	X	X	X	8	6	3	7	X	9	X	4	X	X	2	X	X

3. Der Zwei-d/bq-Test
1:5 / 2:7 / 3:6 / 4:7 / 5:7 / 6:5 / 7:7 / 8:5 / 9:6 / 10:10

4. Rechen-Konzentrations-Leistungs-Test
1:7 / 2:3 / 3:2 / 4:2 / 5:5 / 6:14 / 7:1 / 8:11 / 9:5 / 10:6 / 11:11 / 12:2 / 13:1 / 14:11 / 15:2 / 16:6 / 17:0 / 18:2 / 19:1 / 20:16 / 21:4 / 22:0 / 23:2 / 24:12 / 25:8 / 26:11

5. Gesichter beobachten
1:b / 2:a / 3:c / 4:b / 5:b / 6:c / 7:a / 8:c / 9:b / 10:a / 11:c / 12:c / 13:a / 14:b / 15:a / 16:c / 17:a / 18:b / 19:c / 20:b / 21:a / 22:c / 23:c / 24:b

6. Rechts- und Linksabbiegen
1:4R;3L / 2:1R;3L / 3:3R;4L / 4:4R;2L / 5:3R;1L / 6:4R;5L / 7:3R;3L / 8:2R;5L / 9:1R;5L / 10:3R;3L / 11:2R;3L / 12:2R;2L / 13:3R;3L / 14:1R;5L / 15:1R;5L / 16:3R;5L / 17:3R;5L / 18:3R;4L / 19:4R;4L / 20:5R;2L

7. Listenüberprüfung

Die folgende Liste zeigt die Abschrift mit den Änderungen bzw. Fehlern gegenüber dem Original, die zur besseren Übersichtlichkeit unterstrichen sind. In der Spalte am rechten Rand ist die Anzahl der Änderungen/Fehler pro Zeile angegeben.

Artikel	Größe	Bestellnr.	Lieferbar	Fehler
Nadelstreifen-Blazer	34–46	214878	in 3 Wochen	1
Hosen mit Nade_streifen	34–46	420651	sofort	1
Schnürpömps in Antikoptik	36–42	322672	sofo_t	2
Schnürpumps in Antikoptik	36–42	705670	in 3 Wochen	1
Bluse aus zweifa_bigem Gewebe	34–42	144442	in 3 Wochen	3
Rolllkragen-Pullover mit Halbarm	32–46	160217	in 3 Woohen	2
Hose mit Nadelstreifen	34–46	999343	in 3 Wochen	1
Rock mit Nadelstreifen in Patsch-Optik	34–46	254473	in 3 Wochen	1
Ledergürtel mit attraktiver Schleiße	70–110	285448	sofort	2
Weste im Trachtenlock	34–48	491159	sofort	1
Trachtenbluse, aufwen_ig verarbeitet	34–46	439911	sofort	2
Trachtenrock mit Seitenschlietzen	34–48	476229	sofort	2
Schopperssocken	35–42	445191	sofort	1
Miedergürtel aus Glatzleder	70–100	3_7930	sofort	2
Trekkingsstiefelette aus Vel_ursleder	36–46	208556	in 3 Wochen	4
Karo_Hemdbluse mit Stickerei	34–46	429882	sofo_t	3
Trachtenhose mit Gürtelsch_aufen	34–48	480629	sofort	1
Janker aus kuschelweichem Material	34–48	361692	sofort	1
Gürtel aus Veloursreder	70–100	296887	sofort	2
Rollkragenpullover in legerrer Form	34–40	338668	sofort	3
Karo-Hemdbluse mit Sticker_i	34–40	365471	sofort	2
Karo-Hemdbluse mit Stickerei	34–48	398288	sofort	1
Janker aus kuschelweichem Mater_al	34–48	112839	in 3 Wochen	2
Trachtenlose mit Gürtelschlaufen	34–46	187842	in 3 Wochen	3
Bluse mit Spitzen	34–46	305576	sofort	4
Blazer in Frischgrätoptik	34–48	218443	in 3 Woch_n	2
Hose in Fischgiätmuster	34–48	4387_0	sofort	2
Bluse mit Spritze	34–44	492373	sofort	1
Rock mit Fischgrätmusster	34–46	204105	in 3 Wochen	3
Jacquard-Pullover mit Stehkragen	32–50	418467	sofort	0
Hose in Fischgrätmuster	34–48	370853	sofort	0
Swaetshirt aus Frottee	36–42	252040	in 3 Wochen	1
Freizeitschuh im Materialmix	36–42	386280	sofort	0
Sweatshirt mit Krapuze	36–44	258682	in 3 Wochen	1
Freizeitschuh im Materialmix	36–42	119911	in 3 Wochen	0
Schopperstocken	35–42	255599	in 3 Wochen	2
Jacke aus Lederim_tat	32–44	269362	in 3 Wochen	1
Hose mit Schlag	32–44	94510	in 3 Wochen	1
Shirt mit Prolokragen	32–44	148058	in 3 Wochen	2
Pumps in Antik-Optik	36–42	325991	sofort	0
Shirt mit Polokragen	32–46	168_37	in 3 Wochen	2
Hose mit aufgesetz_en Taschen	32–46	394956	sofort	1
Tasche aus Lachsynthetik	–alle–	452634	sofort	2

8. Zahlensuche
1:D / 2:BC / 3:BC / 4:CG / 5:AFG / 6:AE / 7:C / 8:DE / 9:G / 10:DG / 11:BC / 12:CG / 13:AFG / 14:AE / 15:C

9. Post, Porto und Tarife
1:3,00 / 2:7,90 / 3:5,00 / 4:5,10 / 5:7,50 / 6:7,50 / 7:6,10 / 8:6,80 / 9:22,60 / 10:5,00 / 11:19,60 / 12:5,00 / 13:22,20 / 14:19,20 / 15:7,10 / 16:22,90 / 17:20,90 / 18:8,10 / 19:6,10 / 20:6,80 / 21:8,50 / 22:3,50

10. Rechenarten einfügen

Teil A
1: 2 + 4 + 10 = 16 / **2:** 25 – 6 + 1 = 20 / **3:** 7 + 7 – 10 = 4 / **4:** 19 – 7 + 2 = 14 / **5:** 20 + 30 + 7 = 57 / **6:** 17 – 9 – 2 = 6

Teil B
1: 2 + 3 = 5 / **2:** 2 · 3 = 6 / **3:** 6 + 4 + 4 = 14 / **4:** 4 · 2 + 4 = 12 / **5:** 15 · 3 : 5 = 9 / **6:** 26 · 3 · 2 = 156

www Büro-/Verwaltungs-/Organisations-Testaufgaben (S. 103–106)

1. Gleichmäßiges Verteilen und Ordnen
Verdeutlichen Sie sich, dass Sie von 100 % auszugehen haben und somit in jedem Karteikasten 10 % der Namen zu verteilen haben. In alphabetischer Reihenfolge bedeutet das: 1. Karteikasten: A / 2.: B,C / 3.: D,E,F / 4.: G / 5.: H,I,J,K / 6.: L,M / 7.: N,O,P / 8.: R,S,T / 9.: U,V,W / 10.: X,Y,Z

2. Sortieren (Nr.: Code)
01:1908 / 02:3018 / 03:0215 / 04:2613 / 05:0817 / 06:1721 / 07:2704 / 08:1303 / 09:2223 / 10:2505 / 11:0622 / 12:1608 / 13:0412 / 14:2120 / 15:0207 / 16:0716 / 17:1318 / 18:2802 / 19:2924 / 20:2501 / 21:1129 / 22:2430 / 23:0311 / 24:0102 / 25:0506 / 26:2609 / 27:1210 / 28:1818 / 29:0428 / 30:1929 / 31:1621 / 32:3013 / 33:2927 / 34:0212 / 35:1811 / 36:0014 / 37:2407 / 38:0822 / 39:2228 / 40:1627

3. Dienstplan (Lösungsvorschlag)

	Montag	Dienstag	Mittwoch	Donnerstag	Freitag
Tagesdienst	Anna	Dagmar	Gabi	Ludwig	Renate
	Birgit	Erik	Heinz	Palja	Sonja
	Bernd	Else	Karin	Robert	Sabine
Nachtdienst	Andreas	Detlev	Fritz	Katrin	Nora
	Berta	Doris	Karl	Mara	Susanne

4. Wegeplan (beste Lösung)

von	nach	Wegezeit (in Min.)	Gesprächszeit (in Min.)
Zentrale	A	7	3
A	B	4	3
B	C	4	3
telefon.	D		3
	E		3
	F		3
C	Zentrale	5	
		20	18

Gesamtzeit: 38 Minuten. Bitte beachten Sie, dass Sie kein funktionierendes Telefon in der Zentrale haben, und vergessen Sie nicht, den Rückweg in die Zentrale zu berechnen.

www Technik-Testaufgaben (S. 107 – 110)

1. Technische Bildaufgaben
1:b / 2:a / 3:b / 4:a / 5:c / 6:d / 7:c / 8:c / 9:b / 10:a / 11:c / 12:b / 13:a / 14:d / 15:c / 16:b / 17:b / 18:a / 19:d / 20:d / 21:c / 22:c / 23:b / 24:c

2. Technische Textaufgaben
1:b / 2:c / 3:b / 4:d / 5:a

Englisch-Testaufgaben (S. 111 – 112)

1. Teil: Wortschatz
1:b / 2:c / 3:a / 4:a / 5:b / 6:a / 7:c / 8:b / 9:a / 10:a / 11:b / 12:a / 13:c / 14:a / 15:b / 16:b / 17:a / 18:a / 19:c / 20:b / 21:a / 22:c / 23:a / 24:b / 25:a / 26:a

2. Teil: Grammatik
1:b / 2:a / 3:c / 4:b / 5:b / 6:b / 7:c / 8:b / 9:a / 10:d

3. Teil: Übersetzung
Dies sind Lösungsbeispiele. Auch andere Lösungen können richtig sein.

1 I am not sure because I don't know the situation exactly.
2 One can say that …
3 As far as I know … / From what I know …
4 I might be wrong but …
5 If I am not mistaken …
6 I am awfully / extremely sorry.

Können wir noch mehr für Sie tun?

Jürgen Hesse

Gemeinsam mit unserem erfahrenen Berater- und Trainerteam bieten wir professionelle Beratung zu allen beruflichen Fragen an. Wir wissen, worauf es ankommt und unterstützen Mitarbeiter und Führungskräfte bei der Umsetzung beruflicher Wünsche und Ziele. Weiterhin unterstützen wir Unternehmen bei allen Fragen der Personalentwicklung.

Hans Christian Schrader

Wobei benötigen Sie Unterstützung?

Beratung & Coaching

- Karriereplanung
- Potenzialanalyse
- Bewerbungsstrategien
- Berufsorientierung
- Bewerbungsunterlagen
- Vorstellungsgespräche
- Assessment Center
- Arbeitszeugnisse
- Burnout-Prävention
- Outplacement & Kündigung

Seminare & Trainings

- Bewerbung & Karriereentwicklung
- Kommunikation & Arbeitstechniken
- Verhandeln & Verkauf
- Führung & Personal
- Gesund im Job
- Train-the-Trainer nach Hesse/Schrader

... und alle weiteren Soft Skill-Themen

Gerne beraten wir Sie auch persönlich und telefonisch!

Auf unserer Homepage finden Sie viele praktische Tipps und Informationen zu Job und Beruf.

Dort können Sie sich über unsere Beratungsangebote, Dienstleistungen für Unternehmen und alle Seminartermine informieren oder E-Books und Mustervorlagen downloaden – und natürlich alle Bücher von Hesse/Schrader bestellen.

Möchten Sie regelmäßig unseren Hesse/Schrader-Newsletter erhalten? Dann melden Sie sich gleich an:

www.berufsstrategie.de

Büro für Berufsstrategie Hesse/Schrader
Oranienburger Straße 4-5
10178 Berlin
Telefon 030 2888570
E-Mail info@berufsstrategie.de

Berlin • Frankfurt • Hamburg • München
Köln • Stuttgart • Wiesbaden

Büro für Berufsstrategie
Hesse/Schrader
Die Karrieremacher.